儿童焦虑
心理学

蔡仲淮◎著

中国纺织出版社有限公司

内 容 提 要

现代社会,人们对成人的情绪状态很是关注,如何应对抑郁症和焦虑症的文字也比比皆是,但是对于童心理状态和情绪状态的关注却不够。其实,儿童由于各种能力发展还不健全,对自我的认知有限,比成人更需要人们的关心和引导。

本书以儿童心理学为基本指导,结合孩子成长各个阶段的身心发展特点,告诉父母们如何更好地识别儿童焦虑症,从而有效地帮助孩子缓解和消除自身焦虑。

图书在版编目(CIP)数据

儿童焦虑心理学/蔡仲淮著.—北京:中国纺织出版社有限公司,2020.1(2020.10重印)
ISBN 978-7-5180-6853-1

Ⅰ.①儿… Ⅱ.①蔡… Ⅲ.①焦虑—儿童心理学 Ⅳ.①B844.1

中国版本图书馆CIP数据核字(2019)第229755号

责任编辑:李 杨　责任印制:储志伟

中国纺织出版社有限公司出版发行
地址:北京市朝阳区百子湾东里A407号楼　邮政编码:100124
销售电话:010-67004422　传真:010-87155801
http://www.c-textilep.com
中国纺织出版社天猫旗舰店
官方微博http://weibo.com/2119887771
天津千鹤文化传播有限公司印刷　各地新华书店经销
2020年1月第1版　2020年10月第2次印刷
开本:710×1000　1/16　印张:13
字数:144千字　定价:39.80元

凡购本书,如有缺页、倒页、脱页,由本社图书营销中心调换

推荐序一

由智课教育家长成长研究院首发的《中国家长教育焦虑指数调查报告》显示，68%的家长感到教育焦虑，尤其在孩子幼儿阶段和小学阶段；75%的家长为自身成长感到高度焦虑；近70%的家长担忧校园安全问题；83%的家长对孩子有"手机上瘾"问题而感到焦虑；"80后"父母为"二胎"感到高度焦虑；中国家长最为焦虑的教育话题是孩子的学习成绩，其中90%的家长开始注重孩子软实力的培养。

家长焦虑会带来整个家庭环境的焦虑，在这种情绪环境中成长的儿童，我们是否给予了足够的关注，我们的孩子是否有焦虑情绪呢？起床哭闹，上学抵触，甚至在玩游戏过程中会突然大哭……我们在安抚甚至责怪情绪崩溃中的孩子的时候，有没有想到我们的孩子心理上是一种怎样的情绪波动？

哲学家詹姆士曾说："人类本质中最殷切的要求是：渴望被肯定。"

当今社会，家长面临生活压力、职场生存压力学，往往忽略了孩子也在面临各种压力，而且压力程度不低于父母，如升学、特长、全面发展等各项指标的竞争压力。孩子从出生到成年，会经历婴儿期、儿童期、青春期等不同的生长阶段，在不同的生长阶段有不同的身心发展特点。在这个成长过程中，孩子在不断接收外界的喜怒哀乐，从而形成每个孩子不同的性格特征，而我们往往忽略了这一成长规律，一味在技能上提高孩子的达标指数，却对孩子心理上的关注远远不够，也就导致了儿童焦虑情绪这一社会新生现象。

  面对这些问题，家长往往措手不及，不懂如何同自己的孩子交流。不少家庭存在沟通障碍，开口就吵架，导致孩子越来越孤僻，甚至部分家长面对孩子教育问题，越来越恐慌。蔡老师的这本《儿童焦虑心理学》，针对这些社会问题做了深入剖析，欲求解决，先要了解。本书所讲述的儿童心理疏导，能够帮助家长学会正确的亲子教育和沟通方式。从专业角度着眼去了解孩子，帮助孩子做好心理疏导，这是本书带给我们的社会价值，是家长应该要学习的心理课程。

中国报道·双创中国副主编　赵伟伟

推荐序二

当前家长最困惑的两个问题：一是现在的孩子们怎么了？他们为什么屡屡做出种种让家长不理解的行为？二是作为家长和成人，我们应该怎么做？

如果你对这两个问题深有同感或者备感焦虑，蔡仲淮博士的《儿童焦虑心理学》则为我们提供了答案。

作者基于多年的心理学研究成果，并以一种人文的、关切的、温暖的视角为我们展现了孩子们内心的种种焦虑、压力和相应的解决方案。或许孩子们不止一次在家长面前发出求助信号，家长们却因为不了解而忽略了，或因为过于相信自己的假设而没有正确的处理，或因为没有方法而束手无策……不过没有关系，当你翻这本书，相信会带来不一样的改变，奇迹已经在发生。

北京师范大学心理健康与教育研究所研究员　吴洪健

推荐序三

从童年乐土到成人世界，没有一条路是相同的

一年前，随着两声"哇"的啼哭，两个小生命向这世界宣告了他们的来临。而我，也多了一个"宝妈"的身份。

当父母这件事情，没人教，没有培训班，只能靠自己在实践中慢慢摸索，而做得是否合格，短时间内也无法得出结论。

从面对孩子深夜啼哭的茫然无措，到换尿布时的手忙脚乱；从宝宝第一次生病去医院的紧张不安，到第一次做辅食的小心期待……在一次次的彻夜守护中，在每一次的拥抱安抚中，我们完成了父母身份的认证，更深切体验到了肩负的责任。

我在一路"升级打怪"，孩子在飞速长大，而生活中面对的挑战也越来越多。我们可能看了很多育儿书、关注很多公众号、参加很多早教班，但在真正的养育孩子的过程中，我们还是会困扰：他们在哭、他们在叫、他们在笑，他们的小脑袋里到底在想什么？他们也会焦虑吗？他们为什么会焦虑呢？他们故意不配合、他们出现情绪对抗，那些科学养育方法为什么对我的孩子起不了作用呢？即使是双胞胎，面对同样一件事，反应也可能截然不同，到底怎么做是正确的呢？

不久前的某一天，我抱着孩子在回家的路上，看着霓虹闪耀的城市夜景有些恍惚。在那个瞬间，我突然意识到这两个小生命，已经是这个真实的世界的一分子了，他们也是独立的个体。他们会长大，马上会走会跑，

上学交友结婚……在这之后的生命历程中,他们终将渐渐独立,离我而去。我给他们生命中留下的会是怎样的印记呢?

成为父母的这个过程,也是人生观价值观不断重塑的过程。养育孩子,不仅仅是学习一点育儿知识,更需要我们用全部身心去陪伴,去和孩子进行心灵的联结。每一个孩子都是独立的个体,都会有自己独特的情绪体验。身为父母的我们,要不断成长,用心体会,深入了解孩子的内心。

教育非他,乃心灵转向。

蔡老师的这本书,不仅教会家长识别孩子的焦虑情况,更是教会家长学习如何控制焦虑的知识,帮助孩子改变对焦虑的认知,帮助我们更好地成长,建立起与孩子间心与心的沟通。

"作为父母,我们最大的奖赏不是孩子的成绩或奖杯,甚至不是他们的毕业典礼或者婚礼,而是与孩子在一起时那种分分钟的喜悦,以及孩子与你在一起时那种分分钟的喜悦。"

从童年乐土到成人世界,没有一条路是相同的。唯愿我们的爱与陪伴,能让孩子有勇气走通未来的每一条路。

中国移动咪咕媒体　曹慧华

目 录

第1章　焦虑出没，你的孩子中招了吗　‖001

　　有很多孩子都有焦虑症　‖002

　　如何判断焦虑的发生　‖004

　　平衡学习与玩耍，让身心健康成长　‖006

　　主宰情绪，才能战胜焦虑　‖009

　　改变思维模式，有效减轻焦虑　‖010

第2章　探寻原因，是什么引发了儿童的焦虑　‖015

　　哪些感受会引起焦虑　‖016

　　焦虑到底从何而来　‖017

　　面对紧张引起的焦虑　‖019

　　了解身体，远离焦虑　‖021

　　拥有积极的想法，让自己收获快乐　‖023

　　不能改变外界，那就改变自己　‖025

　　寻求内心的宁静　‖027

第3章　留意孩子的情绪，及时缓解孩子的焦虑感　‖031

　　了解儿童情绪的特点　‖032

　　男孩女孩情绪表达有差异　‖034

哪些因素会影响孩子的情绪 ‖ 036

孩子也有情绪周期 ‖ 038

消除情绪地雷,才能保持好情绪 ‖ 039

父母有好情绪,孩子才更快乐 ‖ 041

第4章 儿童恐惧症,孩子的恐惧从何而来 ‖ 045

如何赶走孩子内心的恐惧 ‖ 046

儿童恐惧症有什么表现呢 ‖ 048

分离恐惧发生的原因 ‖ 050

孩子为何害怕小动物 ‖ 053

孩子为何恐惧开学 ‖ 054

面对陌生的人、事引起的恐惧 ‖ 056

第5章 儿童强迫症,追求完美的孩子焦虑多 ‖ 061

强迫症的各种表现 ‖ 062

有的时候,仪式感是必需的 ‖ 064

强迫症对于生活的负面影响 ‖ 066

帮助孩子战胜强迫症 ‖ 067

父母也要战胜强迫症 ‖ 069

直接面对,不逃避、不畏缩 ‖ 071

第6章 孩子太黏人,可能是分离焦虑的表现 ‖ 075

帮助孩子战胜分离焦虑 ‖ 076

目 录

　　　　从小不黏人，长大更独立　‖ 078

　　　　消除内心的恐慌　‖ 080

　　　　独立的孩子更强大　‖ 082

　　　　父母也有分离焦虑　‖ 084

　　　　科学断奶，给予孩子安全感　‖ 086

第7章　广泛性焦虑，太紧张的生活让孩子更易焦虑　‖ 091

　　　　如何面对无处不在的焦虑　‖ 092

　　　　不要总是草木皆兵　‖ 094

　　　　广泛性焦虑症的概念　‖ 096

　　　　为何会有广泛性焦虑呢　‖ 098

　　　　如何战胜广泛性焦虑　‖ 100

　　　　克服杞人忧天的心理　‖ 102

　　　　改变广泛性焦虑的思维方式　‖ 104

第8章　儿童睡眠焦虑，失眠并不是成人的专属　‖ 107

　　　　孩子为何害怕黑夜　‖ 108

　　　　帮助孩子摆脱噩梦　‖ 110

　　　　如何缓解睡眠焦虑　‖ 112

　　　　让孩子形成良好的睡眠方式　‖ 114

　　　　让故事陪伴孩子快乐入睡　‖ 116

　　　　孩子的睡眠焦虑有哪些具体表现　‖ 118

第9章 郁郁寡欢的孩子，可能是患上了儿童抑郁症 ‖ 121

孩子也会患上抑郁症 ‖ 122
了解孩子抑郁的表现 ‖ 124
不要当着孩子的面说郁闷 ‖ 126
多接触阳光，忧郁就会被驱散 ‖ 128
帮助孩子缓解和消除压力 ‖ 130
父母离异带给孩子的伤害很大 ‖ 132

第10章 胆怯和害羞的孩子，儿童也会有社交恐惧症 ‖ 137

孩子胆小未必都是先天决定的 ‖ 138
孩子为何会害羞呢 ‖ 140
不要把孩子吓成"胆小鬼" ‖ 142
面对被欺负，如何帮助孩子 ‖ 144
孩子说话为何像蚊子哼哼 ‖ 146
胆小的孩子不敢结交朋友 ‖ 148

第11章 厌学情绪和考试焦虑，给孩子的心灵松松绑 ‖ 151

孩子为何不喜欢上学 ‖ 152
幼儿园的孩子也会厌学 ‖ 154
学霸难道就一定喜欢学习吗 ‖ 155
帮助孩子调整心理状态 ‖ 157
被过度保护的孩子，不喜欢学校 ‖ 158
引导孩子处理好人际关系 ‖ 160

　　孩子患上了考试焦虑症怎么办　‖161

第12章　理解孩子的悲伤哭泣，帮助孩子摆脱创伤后应激障碍　‖165

　　每个人都会悲伤　‖166

　　哭吧哭吧，不是罪　‖168

　　如何安抚孩子受伤的心灵　‖170

　　当孩子失去心爱的东西　‖172

　　不幸的婚姻造就悲伤的孩子　‖173

　　找到悲伤的合理宣泄渠道　‖175

第13章　帮助孩子做勇敢的自己，让孩子拥有不焦虑的生活　‖181

　　接受焦虑，才能处理好焦虑　‖182

　　专注的孩子更快乐　‖184

　　做最坏的打算，向着最好的方向努力　‖186

　　帮助孩子控制愤怒的情绪　‖188

　　引导孩子结交更多朋友　‖190

参考文献　‖193

第1章
焦虑出没,你的孩子中招了吗

在我们国家,15岁到35岁的群体死亡原因的比例中,自杀占据首位。看到这样的统计结果,我们不免感到心痛,15岁到35岁的青春年华不正是人的一生中最美好的时光吗?为何有那么多人选择以自杀的方式结束生命呢?难道他们不珍惜活着的感受吗?然而引起自杀的首要原因就是焦虑。遗憾的是,现实生活中,大多数父母都觉得自己给了孩子最好的生活,丝毫没有意识到孩子正在被焦虑困扰,父母自身也正在被焦虑困扰。在孩子们都爱看的动画片《熊出没》中,有一句话"熊出没,请注意",这里我们也要说,"焦虑出没,请注意"。

有很多孩子都有焦虑症

近些年来，因为焦虑症而走上自杀道路的孩子很多，其中有初中生、高中生、大学生，甚至还有小学生。当看到一则则孩子自杀的新闻时，作为父母心中总是非常疼痛：孩子们这是怎么了，为何会选择这样一条绝路呢？还有些父母会质疑：现在的孩子就是心理承受能力太差，打不得骂不得，和他们说话都要加倍小心，哪里像我们小时候啊，就算是被父母打得皮开肉绽，也很快就会忘记，照样该玩就玩，该乐呵就乐呵。的确，父母小时候虽然被他们的父母以简单粗暴的方式对待，但是背着一个妈妈亲手缝制的小书包，里面只装着几本书和一个文具盒，放学了就可以轻松地出去玩。而如今的孩子呢，从很小的时候就开始报各种补习班、培训班，他们不但失去了无忧无虑的童年，而且还要背负学习的沉重压力，尤其是很多父母望子成龙、望女成凤，无形中就会把压力转嫁到孩子身上，这些都是导致孩子不堪重负的原因。从这个角度来说，孩子的相当一部分焦虑都来自父母。

遗憾的是，绝大多数父母对孩子的焦虑不以为然，甚至根本没有意识到孩子会受到焦虑的困扰。父母不知道孩子因为焦虑深受其害，也不知道焦虑给孩子带来了多大的伤害和痛苦。当焦虑达到一定程度时，孩子就会被抑郁症困扰，甚至因为抑郁情绪袭击，而导致内心惶惑不安，甚至想到以自杀的方式结束生命。从身体机制角度而言，焦虑就像是孩子身体上的

报警系统，时常会给孩子拉响假的警报，偶尔也会给孩子拉响真的警报。这样的警报会让孩子感到困扰，父母如果不能关注到孩子的焦虑，就会对此无知无觉。为此，父母一定要给予孩子更好的帮助和照顾，也要多多关注孩子的心理状态和情绪变化。

在传统的育儿观念中，很多父母误以为只要满足孩子的吃喝拉撒就可以了，实际上孩子的成长是一个很复杂的过程，最重要的是父母要有意识地关注到孩子的情绪和心理状态。只要父母和孩子齐心协力，就可以缓解和减轻焦虑，就可以战胜焦虑。

说起来可能会让人觉得难以置信，焦虑很大程度上取决于家族遗传，所以作为父母，如果你正在被焦虑困扰，或者发现孩子有焦虑的苗头，不妨询问一下身边的亲人，看看他们是否也曾经感到焦虑，当然也可以问问他们在焦虑来袭的时候是如何战胜焦虑的。这样才能缓解焦虑，也才能有效地战胜焦虑。

容易焦虑的人，面对生活中哪怕是很小的事情，也会产生情绪波动。而面对同样的事情，那些不容易受到焦虑困扰的人，则很容易一笑而过，完全不把那些小事情放在心上。偏偏这样的洒脱和从容，是焦虑的人很难拥有的。

其实，人的心就像是一个容器，当背景变得宏大，那些不值一提的小事情就不会被牢牢记住，让人耿耿于怀；反之，当背景变得很小，则哪怕是芝麻大的小事情，也会被放大。所以父母和孩子要想战胜焦虑，就要把自己内心的背景放大，这样才能真正战胜焦虑，让自己的内心海阔天空、辽阔高远。

如何判断焦虑的发生

趋利避害是人的本能,没有人愿意被焦虑困扰。不管是父母还是孩子,当感受到焦虑情绪发生的时候,就会本能地逃避和抗拒焦虑情绪,恨不得离焦虑情绪远远的。但实际上,这样的抗拒和逃避不但不能让我们远离焦虑情绪和消除焦虑情绪,反而会使我们更加深受焦虑情绪的困扰。

很多人对于焦虑的理解很狭隘,觉得焦虑只是一种情绪,它只会影响人的情绪和心理状态,然而实际上焦虑情绪还会导致人身体不适。当人在感受到身体不适的时候,情不自禁就想缓解不适,让自己变得舒服一些。凡事亡羊补牢都不如未雨绸缪,要想避免因为焦虑而引起身体上的不适,最重要的就是先缓解情绪,避免焦虑的出现。当然,生活不如意十之八九,每个人的人生都不可能是一帆风顺、顺遂如意的,为此,在日常生活中,我们必须更加懂得生命的珍贵,让生活变得更加绚烂多彩,充实且有意义。尤其对于青春期的孩子而言,躁动的青春期,孩子的身体和心理都因急速成长而发生各种变化,为此逃避是不可取的。举个最简单的例子,如果孩子因为考试成绩而焦虑,难道他们就要避免考试吗?如果他们因为早恋而焦虑,难道他们就可以挥剑斩情丝,一下子就能从青涩爱情的迷惘和困惑中摆脱出来吗?当然不能。既然不能避免这些问题的发生,孩子们就要做到理性面对,唯有如此,他们才能缓解自身的焦虑情绪,也才能全力以赴地做最好的自己,这才是最重要的。

逃避的方式还会给孩子带来罪恶感和愧疚感。例如,他们会因为逃避而觉得内心虚弱,而在逃避之后,虽然短暂摆脱了负面情绪,但是要不了多久他们又会坠入焦虑的深渊,无法自拔。正如成功学大师卡耐基所说的,"你所担心的事情99%都不会发生",或者说即使发生,也不会像你所

预想的那么严重。既然如此，就不要进行毫无意义的烦恼，而是要勇敢面对，所谓兵来将挡，水来土掩，恰恰告诉我们直面问题的重要性。否则，一旦形成凡事都逃避的坏习惯，再想勇敢地面对问题就会很难。

其实，消除焦虑有很多健康的方式，我们要摒弃不健康的方式，从而以健康的方式消除和缓解焦虑。具体而言，不健康的方式有：刻意逃避、暴饮暴食、伤害自己、用酒精麻痹自己、吸毒、离开人群让自己孤独、逃学、旷课、把责任归咎于他人等。这些方式都是很消极的，而且带有自暴自弃的意味，我们一定要避免这样的方式；健康的方式有：唱歌、跳舞、爬山、体育运动、享受健康的美食、和朋友一起逛街或者喝茶、欣赏美的事物、感受亲情、积极地学习和进取、用文字记载自己的心情、和大自然亲密接触、照顾小动物、绘画等。

介于健康与不健康的方式之间，还有一些中庸的方式，既无害也无利。例如，购物、玩游戏、进食、睡觉、看影视剧等。这些方式相对中庸，是暂时放下焦虑的一种方式，既不是消极地逃避，也不是积极地面对，这是很多人都会采取的方式。当然，父母要正确引导孩子从消极对抗和逃避焦虑转化为积极面对和缓解焦虑，让自己的心情变得更好、让自己的内心更加昂扬向上，这样一来，才能帮助孩子学会积极面对焦虑，也可以引导孩子成功地缓解和消除焦虑。

焦虑会导致孩子身体不适，反过来，身体不适也会导致孩子焦虑。例如，睡眠不足，会让孩子的心情变得很紧张，或者因长时间地学习而缺乏体育运动，也会导致孩子很焦虑。作为父母，不要一味地要求孩子学习，而是应该合理地安排孩子的作息时间，让孩子劳逸结合，尤其要保证孩子充足的睡眠，这样一来，孩子才能心情愉悦。俗话说"人是铁，饭是钢"，健康的饮食也可以给孩子提供足够的能量，让孩子觉得心情愉悦。

很多孩子都不喜欢吃早餐，实际上早餐是三餐中最重要的一餐，为此父母再忙也要为孩子准备健康可口的早餐，这样才能保障孩子有足够的能量应付紧张忙碌的学习。需要注意的是，如今有很多孩子不喜欢喝白开水而喜欢喝各种各样的饮料，实际上，白开水是孩子最好的水分补充，孩子尤其要远离各种功能饮料，也不要饮用茶和饮用咖啡等，否则会导致精神亢奋，扰乱正常的精神状态。总而言之，有健康的身体才会有良好的情绪，情绪与身体状态之间是相辅相成的关系，作为父母一定要理性面对孩子，也要帮助和引导孩子处理好情绪问题。

平衡学习与玩耍，让身心健康成长

为了冲刺上名校，年仅3岁的豆豆便开始了紧张而忙碌的学习。当其他同龄孩子还在无忧无虑地玩耍时，豆豆却要在幼儿园的课程结束后去上两个课外培训班。周末的时候，他更是要赶场似的上四个培训班。看着才艺越来越突出的豆豆，爸爸妈妈都很欣慰。他们准备让豆豆冲刺的民办学校要求很严格，他们觉得豆豆会更加符合这所民办学校的要求。

在豆豆3岁到6岁的时候，全家人都如同陀螺一样陪着豆豆忙个不停，因此，全家人对豆豆升学都寄予了深切的希望。在家人给学校交上去厚厚的一摞豆豆的证书之后，等待了3年的面试终于来了，然而，各方面都符合学校要求的豆豆，在面试结束后却被学校拒绝。陪着豆豆一起参加面试的爸爸妈妈崩溃了，当即质问学校面试负责人为何不录取豆豆。面试负责人说："孩子各个方面的确很优秀，但是他患有抽动症，我们不能录取他。""抽动症？"爸爸妈妈感到很疑惑，"什么是抽动症？"面试负责

第 1 章 焦虑出没，你的孩子中招了吗

人说："这个专业问题我们也不能解释清楚，您可以带着孩子看看神经科的医生，相信医生会给您合理的解释。"直到看完医生，爸爸妈妈才意识到豆豆最近这段时间出现的"挤眉弄眼"行为，原来是因为豆豆生病了。在得知抽动症是因为压力大、焦虑严重引起的病时，爸爸妈妈都非常后悔，他们和孩子付出了3年的时间去拼搏，虽然符合了学校的要求，却得到了这样的结果。他们深刻意识到是否上名校不是最重要的，孩子的健康才是最重要的。

在这个事例中，爸爸妈妈举全家之力帮助豆豆学习，就是为了让豆豆上名校。然而，结果却和他们开了一个大大的玩笑，年幼的孩子不知道发生了什么事情，更不知道他3年的辛苦努力，以付出无忧无虑的童年为代价进行的拼搏，全都打了水漂。其实，不是每个孩子都要上名校，在全国顶级的那些大学中，也不是所有优秀的孩子都是一路名校走上来的，他们之中不乏有农村的孩子，上的是村子里最普通的学校，但是他们依然可以通过自身的拼搏考取名牌大学。这个事例告诉我们，学校是孩子成长的一个重要因素，却不是全部因素，孩子最终成长为怎样的人，获得怎样的成就，更大程度上取决于他们自身。因此，在决定孩子成长的诸多重要因素中，孩子自身的天赋、努力、勤奋是最重要的，学校只是一个辅助的因素。父母对于孩子，可以尽量提供好的教育条件，却不必舍本逐末，从而忽略了孩子身心的健康成长。

现代社会，几乎所有的父母都陷入教育焦虑的状态，因此他们对孩子寄予了更大的期望。这样一来，父母的教育焦虑就无形中转化为孩子的学习压力，很多孩子还没有开始上幼儿园，就开始上各种兴趣班、补习班，原本无忧无虑的童年时光，被各种学习内容所填满。孩子小的时候对于时间的紧张也许还没有明确的感觉，但是随着孩子渐渐成长，他们的独立自

主意识越来越强,为此他们更想获得自己可以自由支配的时间。这样一来,学习与玩耍之间的冲突就爆发了,孩子也因为无法平衡学习与玩耍的时间而陷入焦虑的状态。

不仅孩子面对学习与玩耍的冲突,很多成人也面临工作与生活的冲突,因此父母也需要学会平衡。很多父母常常对孩子说:"你不需要操心其他的事情,只需要把学习搞好,这就是你的任务。"父母误以为孩子的生活就是吃喝拉撒和学习,而实际上孩子还有一项重要的成长内容,那就是社会交往。对于孩子而言,社会交往对于成长的作用并不次于学习,甚至比学习更强。为此,作为父母一定不要本末倒置,不要觉得孩子可以牺牲社交的时间全身心投入学习,而是要意识到对于孩子而言社会交往也是很重要的。孩子只有身心健康,才能更好地学习和成长,而与同龄人相处,正是孩子成长的必要途径之一。

很多孩子产生焦虑的原因都是因为压力,而压力的来源则是因为孩子的时间不够用。在这种情况下,要想降低孩子的焦虑程度,父母要引导孩子学会合理安排时间,让孩子平衡好学习与玩耍之间的关系,唯有如此,孩子才能减轻压力,缓解焦虑。

从这个角度而言,孩子要想缓解焦虑,最根本的方法在于学会安排时间。当孩子能够安排好时间,让生活和学习秩序井然,他们的学习效率就会更高。细心的父母会发现,当人处于焦虑状态时,就会产生各种稀奇古怪的想法,也会导致内心不安、心生不宁。其实,很多事情并不会像我们想象得那么糟糕,也未必会发展到我们所预想的最坏的结果。我们可以把心态放平,也可以对事情进行更好的预期。当然,也要以这样的好心态引导孩子,从而让孩子远离焦虑、健康快乐。

第1章 焦虑出没，你的孩子中招了吗

主宰情绪，才能战胜焦虑

在外人看来，小朵生活在一个很幸福的家庭里，爸爸是销售员，妈妈是老师。当销售员的爸爸经常需要陪客户喝酒应酬，还总是出差。当老师的妈妈常常因为爸爸要出差，或因爸爸常常醉醺醺地回到家里，而与爸爸吵架。有一次，爸爸喝醉了很晚才回家，到家后吐到沙发上，把沙发吐得脏兮兮的，为此妈妈狠狠地和爸爸吵了一架。

夜深了，小朵躺在自己的床上，听着隔壁爸爸妈妈的争吵声，还听到了东西被砸碎的声音。小朵心惊胆战，生怕爸爸妈妈吵着吵着就打起来，她不想看到任何人受伤，也不想看到爸爸妈妈离婚。她觉得很郁闷，内心很惆怅。然而，她无法控制这一切，只能在紧张焦虑的状态中熬到困倦得睁不开眼睛，才勉强入睡，有的时候睡着了也会做噩梦。渐渐地，小朵的情绪也变得越来越焦虑，她常常大发脾气，无缘无故就会大喊大叫，再后来，她对于父母的争吵从焦虑过渡到麻木冷漠，她深深地被抑郁困扰。

在这个事例中，因为父母不和，小朵陷入负面情绪之中，而且也因为父母的争吵，她感到愤怒沮丧，缺乏安全感。实际上，父母的争吵会给孩子带来严重的伤害，长此以往，还会导致孩子对情绪失去主宰和掌控的能力。而一旦孩子对情绪失控，不但会陷入焦虑之中无法自拔，还会因此而产生其他的负面情绪，导致行为举止发生改变。为此，父母一定要给孩子一个和谐的家庭氛围，不要总是激发孩子的愤怒。在简单快乐、平静愉悦的情绪状态下，孩子才能成长得更快乐。有些孩子长期生活在冷漠的家庭氛围中，也会因此而变得麻木冷漠，父母不要被孩子的表象所蒙蔽，要更加理性地认知孩子在麻木冷漠背后隐藏的焦虑，只有这样才能引导孩子缓解焦虑情绪，也才能给予孩子更好的情绪照顾和疏导。

焦虑的本质就是一种负面的情绪，父母要引导孩子主宰情绪，帮助孩子战胜焦虑。否则，如果孩子被情绪奴役和驱使，这将导致其内心起伏不定，进而会被焦虑困扰。要想帮助孩子减轻和缓解焦虑，最重要的就是帮助孩子认清楚焦虑，也让孩子知道焦虑的来源。所谓解铃还须系铃人，当知道了问题的症结所在，才能缓解焦虑，也才能真正地解决问题。

有些性格比较极端的孩子，在极端焦虑的状态下，也会有破坏性的行为。例如，砸东西、摔东西，或者做出伤害自己的事情。实际上，他们只是在以这样的行为表现来掩饰自己的内心，他们因为焦虑而感到心虚，也感到愧疚，为此父母一定要识别孩子用来掩饰焦虑的各种负面情绪，从而才能看到孩子的本质，给予孩子更好的帮助。

改变思维模式，有效减轻焦虑

最近，7岁的皮皮陷入了焦虑状态，原来，他刚刚上一年级，写字写得还不够好，每当在作业本上写错了字的时候，皮皮就会撕掉一页作业纸，渐渐地，作业本都快被他撕光了。皮皮越是这样就越是紧张，再次在新的一页作业纸上开始写字的时候，他还是会出错。为此，皮皮郁闷极了，总是觉得内心不安。有一天，皮皮正在写作业，已经撕掉了好几页作业纸，但还是出错，他索性把整个作业本都丢入垃圾桶。妈妈不解，问："皮皮，你在干什么呢？"皮皮说："我总是写错，太烦人了！"妈妈看到皮皮懊恼的样子，安抚皮皮："皮皮，写错了是正常的。你才刚刚开始学习写字，无法一下子就写得很好，错一点儿也没关系，擦掉就好。"皮皮说："擦掉之后，也会留下一个黑色的印迹，很难看。"妈妈说："黑

色的印迹就是在提醒你下次不要犯错。每个人都会犯错，爸爸妈妈也会犯错，只要改正错误就好。"皮皮有些释然："真的吗？你和爸爸也会犯错吗？"妈妈毫不迟疑，肯定地点点头。

很多孩子过于追求完美，不喜欢作业本上有错误的地方，为此，他们一旦犯错就会很焦虑。对于低年级用铅笔和橡皮的孩子，写错了还可以用橡皮擦掉，但是对于高年级开始用钢笔的孩子，写错了就很难擦掉，因为出现错误而导致的焦虑会更加严重。作为孩子，要接受自己犯错误的事实，尽量减少犯错误的次数而不是从不允许自己犯错误，只有接纳了自己，才能更好地改正错误。

细心的父母会发现，越是固执的孩子越容易陷入焦虑的状态，这是因为他们的思维走的是直行线，不容易拐弯。殊不知，这样的直行线，会导致问题思维拧着劲儿，也会导致问题拧着劲儿。还有些孩子是非观念特别强，不管思考什么问题都是非对即错、非黑即白，这样一来，他们就会走向两个极端，无法全面客观地认知事物，在思考问题的时候，也就无法灵活面对，更无法给自己回旋的余地。殊不知，很多事情都是复杂的，而且随时都处于变化和发展之中。如果一味地走极端，不但不能调整思路灵活面对，还会导致自己棱角分明，尤其在人际相处中，爱走极端的人很难得到他人的欢迎和喜爱。

要想改变思维方式，还要多看到事情积极的一面，不要对于一切事情都持有全盘否定的态度，更不要先入为主。而是要更加理性全面地认知事情，顺势而为、随机应变。很多孩子情绪很多变，因为缺乏人生经验，导致在面对很多事情的时候情绪复杂，头脑一热就做出错误的选择和决定。老司机都知道遇到红灯宁停三分不抢一秒，父母和孩子在遇到事情的时候也要宁停三分不抢一秒，这样才能恢复情绪，保持理智，从而妥善圆满地解决问题。否则，一味地在情绪之中感到忧愁和无奈，只会导致内心失去

平静，也会使得智商降低，缺乏理智。

要想减轻焦虑，还要避免过度追求完美。大多数完美主义者都有焦虑的表现，是因为他们过度追求完美，而且总是不愿意原谅自己的任何错误。俗话说，人生不如意十之八九，我们最重要的不是逃避不完美，而是接纳不完美；不是强求不完美，而是悦纳不完美。只有认识到不完美是人生的常态，我们才能在成长的道路上不断努力进取、持续前进，也才能让自己有越来越好的表现和更加长足的进步与发展。

为了让自己和孩子都远离焦虑，父母要给孩子做好榜样，注意自己的言行举止，不要在与孩子相处的过程中，无形之中使用那些因认知扭曲而引起的语言扭曲的危险字眼。例如，必须、每次、所有人、全部、就应该、没有、绝对不能等。这些字眼带有绝对的意味，是极端的表现，是没有例外的表达，这间接表现出说出这些话的人的思维是扭曲的，为此，一定要尽量避免。如果父母经常说这些字眼，就会潜移默化地影响孩子，导致孩子的思维模式和语言表达、行为习惯也带有固执的色彩。在说这些词语的时候，细心的父母会发现自己的情绪情不自禁，会变得愤怒和激动，而这些词语同样会给孩子带来愤怒和激动的情绪状态，为此一定要避免。记住，焦虑并非不可控制，我们一定要选择正确的方法面对焦虑、缓解焦虑，尤其是父母的一言一行不但影响自己，还深刻地影响着孩子，只有谨言慎行，才能做好自己，才能给予孩子积极的影响，让孩子健康快乐地成长。

小测试：你的孩子焦虑了吗

1. 你的孩子是否有完美主义的倾向，凡事都追求完美，不能接受小瑕疵？

第 1 章 焦虑出没，你的孩子中招了吗

2. 你的孩子是否常常会莫名其妙地陷入负面情绪之中无法自拔，内心紧张，压力很大？

3. 你的孩子是否长久地保持沉默，不愿意与身边的人相处？

4. 你的孩子是否会莫名其妙地哭泣，却又说不清楚原因？

5. 你的孩子是否告诉你他感到很紧张，内心惶恐？

6. 你的孩子是否主动要求想要看心理医生？

7. 你的孩子是否很冷漠、很麻木，对于很多曾经触动过他的事情表现出无动于衷？

8. 你的孩子是否不愿意与你交流？

9. 你的孩子是否会感到内心紧张，无法从容面对一切？

10. 你的孩子是否常常走极端，说那些不可回旋的话？

上述这些问题中，如果对于大多数问题的回答是"是"，那么你一定要留心，因为你的孩子很有可能已经患上了焦虑症，甚至深受焦虑症的困扰。作为父母，你要更加关注孩子的心理状态，必要的时候，还可以带着孩子寻求心理医生的帮助。切勿讳疾忌医，否则孩子的焦虑就会更加严重。

第 2 章
探寻原因，是什么引发了儿童的焦虑

孩子很容易陷入焦虑的状态之中，遗憾的是很多父母对此无知无觉，也有很多父母根本不知道是什么原因引起了孩子的焦虑。所谓解铃还须系铃人，在这种情况下，父母更无从了解孩子焦虑的真正原因，也就不可能有效缓解孩子的焦虑，帮助孩子消除焦虑。最重要的是，一定要探寻孩子焦虑的真相，解决引起焦虑的根源问题。

哪些感受会引起焦虑

马上就要进行期末考试了,小丁非常紧张和焦虑。他只是一名一年级的新生,此时距离考试还有3天的时间,但是他做梦都能梦到考试,甚至有一天还着急地从睡梦中哭醒,他梦到他很想及时赶到学校,却一直不能到达学校。看着小丁满脸泪水的样子,妈妈安抚小丁:"宝贝,考试就是一次测验,看看你对于老师所讲授的知识有没有把握好,你不需要这么紧张焦虑的。"小丁茫然:"我没有紧张啊,也不焦虑,焦虑是什么?"原来,小丁还不知道焦虑为何物呢。妈妈耐心地向小丁解释:"焦虑是一种情绪,就像你现在这样,还没有考试就特别紧张,连睡觉都不安稳了,就是焦虑。"小丁恍然大悟:"我这样就是焦虑啊!"

小丁问妈妈:"那么,我如何才能不焦虑呢?"妈妈笑着对小丁说:"以后你在上学的过程中还会经历很多次考试,不要紧张,用心去做,和平时写作业一样就行。"在妈妈的安抚下,小丁焦虑的感受没有那么强烈了。

在这个事例中,小丁并不知道焦虑为何物,也不知道自己正在被焦虑困扰,为此他才会很迷惘、很困惑,也才会很无奈。作为父母,一定要及时了解孩子的情绪状态,其实,日常生活和学习过程中的很多事情都会导致孩子的情绪出现波动,都会使孩子在不知不觉间陷入焦虑的状态。最重要的在于,父母要认真、用心地观察孩子,知道孩子的心理动向,从而

才能有的放矢地帮助孩子缓解焦虑，也才能真正从根源上帮助孩子消除焦虑。

　　作为父母，如果不知道孩子为何焦虑，或者无法判断孩子是否焦虑，可以观察孩子的身体反应。这是因为在情绪焦虑的状态下，孩子不但情绪起伏不定，而且身体也会有很明显的反应。从心理学的角度而言，在焦虑没有到来之前，身体反应就会起到预告的作用，从而让我们感知焦虑。在身体做出对焦虑的反应之后，大脑才会对焦虑有所反应，为此，作为父母不管是面对自己的焦虑，还是面对孩子的焦虑，都要从身体反应着手。和焦虑相比，身体反应就像是焦虑打给我们的电话，让我们在焦虑情绪真正如同潮水般来袭之前，先做好心理准备和情绪准备。焦虑引起的身体反应有哪些呢？诸如咬牙切齿、呼吸急促、满脸涨红等，都是人在紧张时的常规反应，而当焦虑特别严重的时候，人们还会觉得胸部疼痛、胃部不舒服、口干舌燥、身体忽冷忽热等。当人长期处于焦虑情绪的困扰之中时，还很容易患上严重的感冒发烧，身体抵抗力下降。也有人会有头昏脑涨、浑身颤抖、浑身冒汗等症状，这些都是焦虑的明显表现，父母一定要对孩子的相关表现密切注意，这样才能通过身体反应及时洞察孩子的情绪状态和心理状态，从而给予孩子及时有效的引导和帮助。

焦虑到底从何而来

　　知道焦虑的来源，对于缓解和消除焦虑有积极的作用和良好的效果，如果根本不知道焦虑从何而来，则既不能避免，也不能有效缓解。正如人们常说的，人生不如意十之八九，不如意是人生的常态，一个人不管内心

多么强大和淡定，也要努力要求自己淡然从容，否则会因为各种各样的原因而陷入焦虑状态。作为父母仔细回想，会发现自己在某个特殊阶段一定曾经感受过焦虑，这种焦虑或者是由来已久，由量变引起质变，也有可能是因为突发情况而突然产生的。总而言之，焦虑有各种各样的原因，我们要做的就是提前做好应对焦虑的功课，知道焦虑产生的原因，才能有的放矢地缓解焦虑，消除焦虑产生的根源。

和积累已久而爆发的焦虑相比，那些突如其来的焦虑往往是让人感到非常无奈和被动的。当然，这些焦虑是没有预警的，只在即将发生的时候会有身体反应，要想应付这样的焦虑，我们就要调整好心态，以不变应万变，只有这样才能让我们的人生有更好的出路和更从容的表现。总而言之，不要对焦虑抵抗和排斥，否则就会导致内心更加痛苦，也会使得人生的状态更加糟糕。作为父母，只有了解自身的情绪，并深入了解孩子，才能知道在亲子相处以及在引导和帮助孩子学习与生活的过程中，如何更好地指引孩子，提升教育孩子的效率，这才是最重要的。

通常情况下，触发孩子的焦虑有以下这些常见的原因：当身体感到不舒服的时候，情绪一定会有波动，尤其是在经历那些慢性持久的疼痛状态时，孩子会更加焦虑；当独自一个人很寂寞无聊的时候，孩子如果没有合适的事情可以做，或者对什么都不感兴趣，也会变得很焦虑；当去学校上学的时候，承担学习的重任和感受学习的压力，孩子也会感到焦虑；如果夜晚的睡眠状态不是很好，孩子会因为缺乏睡眠或者不能拥有优质的睡眠状态而陷入焦虑之中；父母感情不和，家庭关系破裂，会导致孩子缺乏安全感，自然紧张焦虑，这是为什么很多单亲家庭的孩子都有各种各样的心理疾病的原因；在公开场合发表演讲，甚至在课堂上回答老师的问题或者与老师交流等，都会让孩子感受到压力；面对一个无法完成的任务，内心

觉得紧张，压力山大。总而言之，没有孩子的成长会是很顺遂如意的，而且孩子本身对于情绪的控制能力就比较差，为此更需要父母的帮助和引导。

父母还可以观察孩子的焦虑模式，对孩子进行长期的观察和细致入微的记录，这样一来，就可以了解孩子在何时容易感到焦虑，找到孩子焦虑发生的规律，从而有的放矢地引导孩子缓解焦虑、战胜焦虑。其实，焦虑是正常的情绪和心理状态，每当焦虑发生的时候，不管是对于自身的焦虑还是对于孩子的焦虑，父母都不要过于紧张，而是要端正态度面对和引导孩子，这样才能帮助孩子，也可以在孩子的规律性焦虑还没有发生之前，做好预案和准备工作。

面对紧张引起的焦虑

演讲比赛已经开始了，现在是第五名参赛选手站在讲台上慷慨陈词。若若排在第八名，此时此刻，她紧张得手心直冒汗。这是她第一次参加演讲比赛，她很害怕自己会忘记演讲稿，也害怕自己站到讲台上的那一刻会脑子一片空白，根本无法说出话来。为此，她在准备区不停地走来走去，而且总是想上厕所。看到若若的样子，妈妈对若若说："若若，你其实可以不必这么紧张。你只要把这当成一次排练就好。"若若哭丧着脸说："但是我知道这不是排练。"妈妈笑起来："你这么想，就无法把这次演讲当成排练，你要告诉自己'这只是一次排练'，你还要告诉自己'我是最棒的'。当然，如果这些都不能让你保持平静，你还可以问自己'演讲失败了怎么办'，你会发现生活和学习都会一切如常，所以演讲比赛并非

像你所想象的那么严重,你只要用平常心对待,尽力而为就好。"

若若说:"我无法静下心来。"这个时候,精通瑜伽的妈妈让若若以打坐的姿态坐好,挺直身体,双臂自然放在膝盖上,然后专注于呼吸。在不停呼吸的过程中,若若的呼吸从急促转为舒缓,渐渐地,她的内心恢复了平静。紧张感烟消云散,若若的情绪也恢复了正常。后来,若若上台演讲的时候,表现得非常好,还取得了非常好的成绩。

在这个实例中,若若因为是第一次参加演讲比赛,所以心里很紧张,这是情有可原的。作为妈妈,没有指责和训斥若若,更没有强求若若不要紧张,而是尝试着安抚若若,而且还用打坐冥想的方式,在短时间内帮助若若恢复均匀的气息,从而解决了困扰若若的难题,让若若有了良好的表现。

其实,不只是孩子第一次在公开场合发表演讲的时候会紧张,很多公众人物,如身经百战的歌星在发表演讲的时候也会内心紧张,甚至紧张到忘词。只不过他们的舞台经验很丰富,所以可以不漏痕迹地掩饰过去而已。所以父母不要责备孩子的紧张,作为孩子更不要被紧张引起的焦虑情绪所困扰。唯有缓解情绪,让孩子的情绪找到一个宣泄的渠道和平静的方式,这样才能帮助孩子真正平静地面对生活、面对一切。

在特别紧张焦虑的时候,除了静心冥想调匀气息之外,还可以采取转移注意力的方法让自己的内心恢复平静和理性。转移注意力也是暂时恢复平静的好方式,可以帮助我们从眼前困扰我们的难题中摆脱出来,也可以让我们更加专注于接下来要做的事情。细心的父母会发现,在情绪冲动、激动的状态下,哪怕只是保持几分钟的平静,也能够给情绪一个缓冲的时间。身体与情绪从来不是孤立的,它们之间联系的紧密程度甚至超出我们

的想象,为此我们一定要更好地调整情绪,协调好自己与身体的关系,给予自己更大的空间去回旋情绪、平复情绪,也保持冷静和理智。

了解身体,远离焦虑

前文说过,身体在焦虑来袭之前会有各种反应,这些反应就像是身体的预警,会从身体的各种症状中明显地表现出来。为此,即使有些焦虑是因为突发事件而突然产生的,父母只要认真用心地观察孩子的身体状况,也就可以给予孩子更好的帮助和引导,甚至可以在焦虑真正到来之前未雨绸缪,起到缓解焦虑的作用。

很多焦虑的发生都是从身体开始的,然后渐渐侵入人的心灵,也会影响人的整个身心系统的正常运转。由此可见,虽然焦虑是一种情绪,还常常来得突然,但是只要我们真正关注自身的身体,就能够在焦虑刚刚探头的时候把握焦虑,有效缓解焦虑。否则,如果我们后知后觉,焦虑就会像滚雪球一样越滚越大,最终让我们变得非常沉重、无力应付。为了避免这种滚雪球似的恶劣后果,我们必须提前了解自己的身体,这样才能预防问题的发生,也才能让一切进展更加顺利。

那么,如何了解身体的各种反应呢?唯一的方法就是静观。每当情绪发生的时候,人们总是会情不自禁做出各种应急的反应,甚至还会因为情绪崩溃而歇斯底里。实际上,当身体急于做出反应时,这样的反应往往是在情绪的驱使下做出来的,并不真实,也不能真正代表我们的内心,而且往往产生副作用。最重要的是保持安静,让自己对身体进行全面的观察和了解,唯有如此,我们才能真正了解自己,也才能让身体与大脑之间的反

应变得更加理性和积极。否则,一旦养成大脑不假思索就对情绪做出过激反应的坏习惯,则只会导致我们越来越被动,也会导致我们被情绪驱使,做出很多糟糕的反应。所以处理好自己的情绪问题,远离焦虑,是非常重要的。

当然,有些人建立身体和情绪的反应很顺利,是因为他们有很强的情绪感知能力和对于身体的控制能力,也有些人建立身体和情绪的反应很艰难,这往往是因为他们不喜欢自己的身体,或者因为疾病、超重、超轻等各种问题,而对于身体感到排斥,这些都会导致身体和情绪的反应关联不够密切,也缺乏积极性。在这种情况下,静观可以帮助我们在身体与情绪之间建立稳定的联结,让我们更加专注于自己的身体,也让我们用心感受每一次呼吸。

具体做法:找一个地方平静下来,这个地方要保持安静,没有外界的干扰,接下来集中所有的精神和意志力,专注于呼吸,并且要专心感受身体与地面的接触点。在做好这一切之后,我们就要感知身体,把注意力集中在身体的某一点。此外,还可以顺着吸气的轨迹来感受身体器官,这样一来,就可以让自己的精神和意志更加集中,也可以让我们的内心渐渐地恢复平静。在如此专注的一个过程之后,就可以驱散焦虑、活在当下、专注于眼前、着手开始专心致志地做该做的事情。

孩子常常会在比赛前感到紧张,甚至紧张到忘记带比赛的装备,紧张到考试的时候记错时间、走错考场。不得不说,这样的行为表现意味着孩子的焦虑已经达到一定的程度,父母要做的就是引导孩子恢复平静,哪怕只有几分钟的时间,真正的平静也可以帮助孩子缓解焦虑、减轻焦虑。在这几分钟的时间里,孩子一定要关注自己、关注当下,感知周围的环境以及正在发生的事情,而不要进行情绪活动,只是纯粹感知而已。在经历了这样的专注之后，孩子们就会有更好的表现，也会更加平静和专心。当然，静观练习的前提条件是接纳，而不是排斥和否定，更不是嫌弃和厌恶。接纳自己，悦纳自己，是孩子进行静观练习的先决条件。

拥有积极的想法，让自己收获快乐

孩子的焦虑不仅仅来自身体、来自外部的世界，还有可能来自自身的想法。现代社会，不仅成人的生存压力很大，孩子的生存压力也很大。尤其是在如今全民陷入教育焦虑的特殊状态里，作为父母要想帮助孩子缓解和消除焦虑，就更要煞费苦心，找到能够帮助孩子的合理方法。

前文说过，当焦虑情绪即将来袭的时候，身体是会给我们发出预警的，在这种情况下，不要一味地相信预警，因为预警有真的预警，也有假的预警。为此，必须区分清楚真预警和假预警，我们才能从复杂的想法中剔除那些会引起焦虑的想法，从而拥有积极的想法，收获快乐。当然，就像坏人脑门上没有写字一样，假预警的脑门上也没有写字，对于缺乏甄别能力的孩子而言，要想识别出假预警，就要多多观察、用心判断，从而做出积极的改变。当然，在此过程中，父母要多多引导和帮助孩子，也要给孩子树立积极的榜样作用，从而全方位地给予孩子正向力量和作用，帮助孩子健康快乐地成长。

要想区别这些想法到底是积极的还是消极的，我们同样需要静下来。人的头脑里装满了各种事情，这些事情之间并非是完全独立的，而是有着千丝万缕的联系。有的时候，一件事情的发生会导致很多事情的改变，为此我们的头脑就像是装满泡沫颗粒的容器，动一下，就会有很多泡沫颗粒跟着旋转起来。虽然我们要让各种事情之间都有关联,但是很多情况下关联并不需要太过于紧密,而是可以适度松散,这样一来很多事情就不会都搅和到一起,而是可以有的放矢地发生。要想做到这一点,我们就要把一团浆糊、千丝万缕的事情进行合理区分,这样才能条分缕析,秩序井然。

当然,孩子还小,对于情绪的感知能力和梳理能力都相对较差。父母要引导孩子知道是哪些想法导致他们变得紧张和焦虑,从而在未来的生活中,尽量避免这些想法的产生。此外,也可以尝试用想象的办法假想事情已经真的发生,这样一来,就可以洞察自己在面对具体事情时身体和情绪所发生的反应,敏感的孩子甚至可以准确感知到自己身体的某一个部位不舒服,这些都是至关重要的。熟悉正念冥想的父母会知道,在专注于呼吸的过程中,那些负面情绪也会随着呼气而渐渐减轻,当然,要想达到这样的境界,只是简单的练习是远远不够的,而是要坚持长期练习,平复气息。

在日常生活中,父母也要给予孩子积极的影响,而不是总在孩子面前唉声叹气,诉说生活的烦恼。孩子毕竟还小,正处于各种价值观的形成时期,非常关键,而父母是孩子最信任的人,孩子与父母朝夕相处,对父母耳濡目染,为此对于孩子的影响力非常大。作为父母,一定要谨言慎行,给予孩子最好的关心和照顾,也及时引导孩子的情绪,缓解孩子的焦虑,这样孩子才能健康快乐地成长。遗憾的是,现实生活中有很多父母有太多的不满意和巨大的压力,而且总是会在情不自禁的状态下表现出来。殊不知,这样的委曲求全、这样的内心焦虑不安,最终都会传染给孩子,都会导致孩子的想法也变得消极。真正明智的父母会给孩子树立积极乐观的榜样,也会最大限度地激发孩子的潜能和力量,唯有如此,孩子才会变得快乐起来,也才会更加有信心面对人生的各种境遇,拥有充实美好的生活。

不能改变外界，那就改变自己

人生的很多冲突，其实都是由自身与外部世界的冲突导致的。很多人在面对外部世界的时候，常常会感到苦恼和困惑，尤其是对于自己想要的生活总是求之不得的时候，他们更是会因此而陷入歇斯底里的状态，不知道如何才能应付好一切。正如人们常说的，人生不如意十之八九，对于大多数人而言，人生的确充满了各种无奈和烦恼，孩子虽然还小，但是烦恼并不少。很多父母误以为孩子是没有烦恼的，却不知道孩子也有孩子的烦恼，而且烦恼的数量并不少。为此，父母不要再想当然地认为孩子一定快乐，而是要意识到孩子的成长离不开父母的帮助和有效的引导。

人的烦恼到底是从何而来的呢？很多人觉得烦恼之所以产生，是因为作为主体的人不知足，实际上，人与外部世界的各种冲突才是人们感到苦恼的根本原因。别说是孩子，就算是成人，也无法协调好自己与外部世界的关系，更无法调整好人生。为此，父母在面对自己和孩子的困惑时，要更加积极理性，也要以身作则为孩子树立好榜样。做人固然可以根据心愿去完成很多事情，但是这个世界并非唯心主义的世界，一个人如果不能改变外部世界，就要努力积极地改变自己。唯有如此，才能顺势而为，才能随机应变。当孩子对自己不够满意的时候，或者是有欲望和心愿不能满足的时候，父母不要抱怨孩子总是悲观，而应该以身作则，示范给孩子看如何才能积极地面对这些问题，通过调整自己的方式，让世界随着心的改变而改变。

人与外部世界的各种冲突和矛盾，自从人类诞生以来，就从未间断过。为此，父母理所当然要引导孩子学会独处，学会与这个世界相处。具体而言，父母要为孩子提供一个完全独立的私密空间，在这个空间，孩子可以自由地摆放自己喜欢的玩具，可以让一切都杂乱无章或者井井有条，这一切都全凭他的喜欢，父母最好不要加以干涉。这是因为只有在孩子喜欢的环境中，他们才能彻底放松下来，也才能更好地与周围的一切相处。很多父母都有洁癖，最喜欢把家里收拾得一尘不染，殊不知，这样的洁癖会让孩子觉得很不舒服。众所周知，家是温馨的港湾，如果孩子连在家里都不能放松下来，他们还如何获得放松的机会呢？

要想达到这一点，父母就要尊重孩子，不要总是对孩子的生活指手画脚。要知道，孩子尽管因着父母来到这个世界上，但是他们并非是父母的附属品或者是私有物，而是一个独立的生命个体，是有血有肉的人。很多父母都把平等对待孩子当成口号挂在嘴边，殊不知，真正的平等绝不是虚伪的平等，而是要发自内心尊重孩子，给予孩子成长的独立时间和空间，给予孩子真正感到放松的家。父母还要减少对孩子的苛刻要求，不要觉得孩子小，就对孩子感到各种失望，也不要因为孩子在成长的过程中经常会犯错误，就对孩子各种挑剔和苛责。孩子有其成长的节奏，不可能完全按照父母的要求去做很多事情，父母一定要真正尊重孩子，给予孩子更好的成长机会和选择空间，孩子才会变得独立自主，变成自己真正期待和满足的样子。

总而言之，父母如果不能改变孩子，就要改变自己，让自己拥有一颗欣赏孩子的心。孩子对于外部的世界，如果不能凭着意志力去改变一切，那么就要接受，做最好的打算，付出最大的努力，随遇而安，顺势而为，这样才能真正激发自己的人生潜能，让自己变得更加强大。记住，太多的焦虑是因为与环境较劲儿，既然如此，我们为何不放开手脚海阔天空地生活呢？不较劲儿，顺势而为，也许会有意外的收获。

第 2 章 探寻原因，是什么引发了儿童的焦虑

寻求内心的宁静

孩子的天性就是活泼爱闹，但是孩子并非每时每刻都在喧哗吵闹。随着年龄的不断增长，原本喜欢人多热闹的孩子渐渐地学会了独处，他们开始把自己与外部世界进行明显的区分，为此他们探寻自己的内心，追问生命的意义。在这样的过程中，他们不断地成长，内心也因为成长带来的阵痛而变得悸动、焦躁不安。别说是年幼的孩子，古往今来，就算是那些伟大的哲学家也无法真正洞察生命的本质，我们真正需要做的，就是给予生命更多的理解和关照，这样才能做到尽量深入了解生命的本质，尽量全力以赴地做好自己该做的事情。人生从来没有回头路可以走，作为孩子唯有不断地努力进步，全力以赴地奔赴美好的未来，才能生活得更好，也才能真正走向成熟。

关于家的含义，已经有很多人进行了探讨。最广为流行的说法就是：家是每个人温馨的港湾。的确如此，家是温馨的，也是供人心灵休憩的地方。遗憾的是，如今的家已经成为很多孩子的噩梦，面对着有教育焦虑的父母，面对着紧张忙碌的家人，面对着父母口无遮拦的指责和抱怨，孩子的心已经千疮百孔。很多父母还都有坏习惯，那就是喜欢在吃饭的时候训斥孩子。殊不知，这样的做法非但无法让孩子听从父母的劝说，做他该做的事情，反而会导致他们对于家产生很可怕的想法，觉得家就是噩梦，觉得家就是让人无处可逃的地方。实际上，这恰恰颠覆了家对于孩子的意义，在正常情况下，家应该是孩子感到最安全、放松和信任的地方。为此，父母一定要为孩子营造温馨的家庭环境，让孩子愿意留在家里，愿意与父母进行沟通。

孩子的心就像是一个湖面，这个湖面并非总是风平浪静。更多的时

候，这个湖面是波涛起伏的，会让人感到内心非常紧张和焦虑，也会让人感到无处可以寄托。面对情绪比较飘摇的孩子，父母到底应该怎么做呢？记得一句话吗？——静水流深。要想让孩子的内心始终笃定，即使在情绪兴风作浪的情况下也依然保持安稳，那么父母一定要帮助孩子疏导情绪，也给孩子一颗定心丸——一个温暖的可以依靠和信赖的家。让孩子不至于在任何情况下无处可去，让孩子始终知道自己在感到累了倦了，或者犯了错误的时候，应该回到家里向父母寻求帮助。

除了要给孩子营造良好的家庭氛围之外，还要让孩子学会感受家庭的环境。毕竟对于不同的孩子而言，家庭环境都是各不相同的，作为孩子要做的事情不是羡慕别人有一个多么幸福的家，而是要用心感受自己所拥有的家，这样才能最大限度地激发自身的力量，才能全力以赴做好自己该做的事情。

寻求内心的平静说起来只是简简单单一句话，真正想要做到却是很难的。为此，作为父母一定要帮助孩子，也要全力以赴照顾孩子。此外，父母还要讲究与孩子相处的方式方法，给予孩子更好的照顾、更多的帮助。唯有如此，父母与孩子之间才会更加和谐融洽的，也才会彼此尊重和信任，相互理解和托付。

小测试：

1. 孩子很容易因为一些小事情而感到焦虑不安吗？
2. 遇到突发情况的时候，孩子会感到慌乱失措吗？
3. 不管发生什么事情，孩子的第一反应是否是抱怨？
4. 年幼的孩子是否要依赖父母的帮助，才能恢复情绪的平静？

5. 在可以的情况下，孩子是否也不愿意开解自己，帮助自己获得心理平衡？

6. 日常的小事情，是否会导致孩子很紧张呢？

7. 孩子与父母之间的关系是否剑拔弩张，根本不能平心静气地交流？

8. 孩子是否不知道自己为何会感到焦虑，以及哪些想法会引发他们的焦虑？

9. 孩子的直系亲属有焦虑的人吗？

10. 孩子在所有情况下，都无法控制情绪吗？

在上述这些问题中，孩子回答是的频率越高、次数越多，也就越是容易被焦虑困扰，甚至已经患上了焦虑症。父母一定要密切关注孩子的心理和情绪状态，从而才能有效地帮助孩子，也才能全力以赴给予孩子最佳的引导和照顾。当然，孩子的情绪原本就很容易产生波动，父母一定不要觉得孩子小就不会有情绪和心理问题，实际上孩子的内心是非常敏感的，孩子的感情也是很脆弱的。父母不但要照顾和满足孩子的生理需求，更要关注到孩子的情绪变化和心理需求，这样才能全方位帮助孩子，有的放矢地引导和照顾孩子。

第 3 章
留意孩子的情绪，及时缓解孩子的焦虑感

很多父母虽然生养了孩子，无微不至地照顾孩子，也竭尽全力为孩子创造最好的条件，但是实际上他们并不了解孩子。有的时候，孩子的情绪会突然发生改变，每当这时，丈二和尚摸不着头脑的父母往往会觉得孩子是在无理取闹，为此对孩子很严厉，或者采取其他错误的方式对待孩子。殊不知，这对于缓解孩子的情绪，帮助孩子恢复平静和理智没有任何好处，只会导致孩子更加焦虑，也使得亲子关系陷入尴尬的状态。

了解儿童情绪的特点

有一个周末,妈妈带着若曦去商场里玩耍。商场里人很多,有个地方正在卖刚出锅的黄桃蛋挞,这可是若曦的最爱。为此若曦马上指着蛋挞对妈妈说:"妈妈,我要吃蛋挞。"妈妈看向若曦所指的方向,看到蛋挞之后,当即答应若曦:"好的,妈妈给你买!"若曦赶紧飞奔过去,正在此时,有一对年轻的情侣买走了蛋挞,而妈妈还没有到呢!为此若曦很着急,赶紧喊妈妈,妈妈还是慢慢吞吞地朝着蛋挞的窗口走过去。若曦被气得哭起来:"蛋挞没有了,蛋挞没有了!"妈妈不以为然:"阿姨还在做呢,马上就好!"若曦还是哭哭啼啼,一直到蛋挞做好,妈妈付款之后拿到蛋挞,但是蛋挞实在太烫了,妈妈拒绝了迫不及待要吃的若曦,把蛋挞举高,不让若曦马上就吃,而是耐心地把蛋挞吹凉。

妈妈感受了蛋挞的温度,觉得可以吃了,这才给若曦。没想到若曦生气地把蛋挞扔到地上。妈妈没想到若曦会做出这样的举动,气得推了若曦一下,怒斥道:"你这个孩子怎么回事,怎么这么不懂事!"若曦觉得自己受到了莫大的委屈,索性坐在地上哭起来。周围的人纷纷看向若曦,妈妈觉得尴尬极了。

面对年幼的孩子,很多父母常常会遇到这样的尴尬情况,看着情绪突然间歇斯底里且丝毫讲不通道理的孩子,他们无计可施,很难堪,也很气愤。孩子的情绪为何总是这样起伏不定呢?其实,孩子的情绪之所以会出现如此大的落差，除了因为他们年纪小，情绪原本就稳定之外，也与父母没有掌握正确的方法了解他们的情绪、疏导他们的情绪密切相关。父母要想减少孩子的情绪问题，就要深入了解孩子的情绪。看到这里，很多父母也许会说：我自己的孩子，我还能不知道吗？还真别夸下海口，因为生活中不了解孩子情绪的父母很多，所以才有很多的父母不知道如何采取正确的方式面对孩子，引导孩子的情绪归于平静。在上述事例中，若曦看到蛋挞卖光了很着急，而好不容易等到阿姨做出新的蛋挞，妈妈却又不给她吃，让她只能看着，却吃不到嘴巴里，为此她的情绪才会崩溃。当然，妈妈也很委屈：我是为了你好，怕烫着你才不给你吃的，还耐心给你吹凉。然而，年幼的若曦未必知道烫是什么意思，如果妈妈可以让若曦用手指试一下蛋挞的温度，相信即使放在若曦面前，若曦也不敢去吃。为此，父母要意识到孩子的人生体验有限，可以在保证孩子安全的情况下适度加强孩子的人生体验，这样孩子才能理解父母的苦心。

孩子的语言表达能力有限，还不会用语言熟练地表达自己的心理状态和情绪状态，为此他们一旦感到不高兴，就会采取行动来发泄不满。此外，孩子还很小，内心幼稚不成熟，他们有任何喜怒哀乐都会表现在脸上和行为上，而不会加以掩饰，这也是孩子的情绪为何总是起伏不定的原因。作为父母，要知道孩子的身心发展特点，也要理解孩子因为情绪波动而做出的行为表现。

父母要知道孩子的脾气秉性，毕竟每个孩子的脾气秉性都是不同的，父母要因人而异，根据孩子的脾气秉性特点去对待孩子，而不要总是呛着孩子的脾气性格去对待孩子。例如，如果孩子乐观开朗，父母可以有话直接说，如果孩子性格内向，而且很自卑，那么父母就不要给予孩子太大的压力，而是要引导孩子多多表达。只有根据孩子的性格，随着孩子的情绪表达，及时调整面对孩子的方式方法，亲子相处才会更融洽，亲子感情也才会更深厚。父母作为成人面对还没有长大的孩子，一定要在亲子关系中占据主导地位，而不要因为孩子情绪波动就也失去控制，否则会使得亲子关系变得更加糟糕，也不利于孩子身心健康地成长。

男孩女孩情绪表达有差异

乐乐和欢欢是一对龙凤胎，乐乐是姐姐，欢欢是弟弟。他们俩出生的时间只相差了几分钟，而且是同卵双胞胎，长相也很相似，但是他们的脾气秉性却截然不同。早在襁褓时期，乐乐就表现出温和的性格特征，就是饿了，或者撒尿了，也是柔声哭泣。而欢欢呢，则明显是个厉害小子，一旦哭起来就是一声紧似一声，根本不给妈妈给他冲奶粉的时间。为此，每次欢欢哭的时候，妈妈都会手忙脚乱冲奶粉，一个劲儿地抱怨欢欢太着急了。

在妈妈的辛苦抚育下，渐渐地，乐乐和欢欢长大了，已经上幼儿园中班了。有一天，爸爸的一个同事带着孩子来家里做客，这个孩子是男孩，叫豆豆，比乐乐欢欢大一岁，是个自来熟，才来到家里没一会儿，就和乐乐欢欢玩起来。豆豆看中了一个轨道汽车，非要玩，但是乐乐舍不得给豆豆玩，又抢不过豆豆，在汽车被豆豆抢走之后，乐乐伤心地掉眼泪。

这个时候，平日里经常和乐乐打架的欢欢看到乐乐受欺负了，马上冲过去，趁着豆豆不防备，把豆豆推倒在地上，而且对豆豆说："你快滚出去，我们的玩具不给你玩。"豆豆号啕大哭起来，乐乐见状很担心，赶紧过来拉着欢欢，让欢欢不要和豆豆吵架。这个时候，妈妈闻讯赶来，问清

楚事情的缘由之后批评欢欢:"欢欢,你怎么这么暴力啊,你是小主人,应该把东西让给小客人玩。"欢欢说:"就不,就不!"说着,欢欢居然站到遥控汽车上面使劲地踩着,说:"我把它踩坏,也不给豆豆玩,谁让他欺负乐乐!"

在这个事例中,两个男孩子都表现出很强势的性格特征,而且更加倾向于用行动来表达情绪、解决问题。如果妈妈不及时赶到,他们打起来也完全有可能。谁让他们俩都是男孩子呢!和两个男孩相比,乐乐解决问题的方式就缓和很多,她只是哭泣,而不愿意和豆豆产生冲突,虽然很委屈,却默默掉眼泪。

当有不止一个孩子在一起玩耍的时候,孩子们都会情绪冲动,很容易因为情绪问题爆发冲突,甚至发生推搡和打架事件,尤其是在男孩多的地方,这样的情况更是常见。作为父母,对于孩子之间的冲突不要过于介入和干预,可以引导孩子以自己的方式去解决问题,也可以帮助孩子制定游戏规则,从而让孩子们在规则限定的范围内一起愉快地玩耍。像上述事例中妈妈这样要求小主人必须让着小客人,从礼节上来说是没有问题的,但是孩子的身心发展正处于特殊的阶段,他们还不能理解小主人、小客人的确切含义,而且他们希望得到的是对每个人都很公平的游戏规则,所以妈妈这样的处理方式显然很难服众,最终导致欢欢情绪更冲动,宁愿把小汽车踩坏也不愿意给豆豆玩。其实,欢欢这样的行为不仅是针对豆豆,也是对妈妈处理方式的不满。父母不是孩子的裁判官,尤其是很多父母总会从成人的角度出发去要求孩子,不得不说,这对于孩子而言是很不公平的。为了使孩子更好的成长,父母要端正态度,保持正确的教育观念。在孩子的世界里,一切都是公平的,没有谁应该让着谁,也没有谁一定要战胜谁。父母要了解男孩与女孩不同的情绪表达方式,才能更好地与男孩女孩相处。

通常情况下，女孩的内心更加细腻敏感，表达的时候也很委婉含蓄，她们的情绪相对内敛。相比较女孩，男孩的情绪更冲动，就像疾风骤雨，也许两个男孩在一起很快就会打起来，但是他们会以更快的速度和好，再次玩到一起去。当然，也有可能是因为男孩的语言表达能力在年幼阶段没有女孩强，所以这也代表了男孩爱动手的心理特点。父母要引导男孩和女孩表达情绪，但是总的原则都是要引导宣泄和缓解，而不要一味地压制，导致他们因为压抑的情绪而受到伤害。

哪些因素会影响孩子的情绪

妈妈是高龄产妇，在生下意涵之后，得到公司领导特批，可以休半年的产假。为此，妈妈安安心心、踏踏实实地在家里照顾了意涵半年的时间。本来，女强人妈妈还觉得半年的时间太长了，没想到陪伴在可爱的意涵身边，半年的时间很快过去了，妈妈对意涵依依不舍，但是却要去上班了。在上班前半个月，妈妈把奶奶从家里接过来照顾意涵，本来是想趁着自己在家的时候让奶奶适应一下，没想到奶奶照顾意涵的方式和妈妈照顾意涵的方式完全不同，为此妈妈总是给奶奶提意见，奶奶也愤愤不平：我是来帮你照顾孩子的，你凭什么对我指手画脚。就这样，奶奶才来家里3天的时间，就开始与妈妈斗气。她们觉得意涵还小，为此常常当着意涵的面争吵，也会故意说一些让对方难堪的话。有一天，因为奶奶给意涵吃了有盐的东西，妈妈非常生气，再想到昨天奶奶还用嘴巴咀嚼东西给意涵吃，妈妈和奶奶大吵起来。

自从奶奶到来之后，爸爸和妈妈的关系也没有那么好了，因为不仅妈

妈会给爸爸告状，奶奶也会给爸爸告状。就这样，才过去一个多星期，原本特别爱笑、情绪很好的意涵出现了情绪问题，总是爱哭，有的时候哭起来一个小时都哄不好。有一天，意涵哭得很卖力，嘴唇都憋青了，妈妈以为意涵有肠梗阻或者肠套叠，赶紧带着意涵去医院就诊。医生在给意涵进行全面检查之后，证实意涵身体方面没有任何问题，又详细询问了意涵的情况，这才对妈妈说："父母的情绪会影响孩子，或者其他照顾者的情绪也会影响孩子。您要找到更好的与奶奶相处的方法，否则会对孩子的情绪造成影响。不要觉得孩子小就什么都不知道，其实她是可以感知到的。"在医生的提醒下，妈妈这才意识到问题的严重性，回到家里找到奶奶开诚布公地交流，奶奶也意识到自己的一些育儿方法的确不够科学，表态会按照妈妈说的去做。就这样，妈妈和奶奶相处融洽，爸爸和意涵的情绪也有所好转，尤其是意涵，哭泣的次数明显减少了。

很多人都误以为小小的婴儿无法感知外部世界，更无法感知情绪，其实不然。外部世界和照顾者的情绪，构成了婴儿生存的整个环境，所以婴儿对于周围的环境是非常敏感的。作为父母，或者是婴儿的照顾者，一定不要当着婴儿的面争吵，发泄不良情绪，否则婴儿也会变得焦虑紧张，还会因为情绪而引发很多问题。

那么，除了照顾者的情绪之外，孩子还会受到哪些因素的影响而导致情绪波动呢？简单来说，色彩、声音、温度、湿度等，都会影响孩子的舒适度，也会对孩子的情绪产生影响。初生的婴儿并不喜欢色彩鲜艳的颜色，相反他们喜欢黑、白、灰色。随着视力的不断发展，他们才会渐渐喜欢上鲜艳的颜色，为此父母不要以鲜艳的颜色布置新生儿的房间，而是要让新生儿更多地看黑白色。新生儿睡眠的时间很长，喜欢安静，为此要保持良好的睡眠环境。偶尔播放音乐给孩子听，也要播放安静舒缓的音乐，这有助于孩子保持情绪的舒缓。此外,随着不断地成长,孩子的认知水平越来越高,认知水平会影响孩子的情绪感受。所以父母一定要为孩子营造良好的环境,这样才能保持让孩子愉悦的情绪,也有利于孩子的身心健康成长和发展。孩子对于外部世界是非常敏感的,父母不要忽略孩子的感受,而是要在了解孩子的基础上给予孩子更密切的关注,这样才能及时调整环境,给孩子营造良好环境,有效减少孩子不良情绪的产生,帮助孩子收获更多的愉悦。

孩子也有情绪周期

刚刚上小学一年级的豆豆,从熟悉的幼儿园环境进入小学的环境里,开学之初每天都非常高兴地去学校。开学两个月之后,妈妈看到豆豆一切表现都很正常,就放下心来:看来,豆豆已经适应了小学生活。没想到,有一天,豆豆早晨起床的时候就懒床不愿意起来,等到磨磨蹭蹭、慢慢吞吞洗漱完之后,又对妈妈说:"妈妈,我今天不想去上学。"妈妈听到这句话很吃惊:"你为何不想去上学呢?今天是周三,又不是周末?"豆豆一声不吭,妈妈追问:"你是觉得哪里不舒服吗?"豆豆摇摇头。妈妈又问:"那么,你是被老师批评了吗?"豆豆说:"没有,我表现很好。"妈妈恍然大悟:"我知道了,你一定是和小朋友吵架了。其实和小朋友吵架也正常,不过吵完架之后就还是好朋友,对不对?"豆豆赶紧否定:"没有,没有,没有吵架!"

眼看着再不出门就要迟到了,妈妈着急地问:"那你到底为什么不去上学!你得给个理由啊,难道学校是由着你想去就去,不想去就不去的吗？"豆豆突然崩溃地哭起来："我就是不想去上学，没有原因！"妈妈看着哭泣的豆豆，感到很迷惘，不知道豆豆到底是怎么了。

作为女人，总是说"每个月总有那么几天"，的确，女性朋友因为生理周期的原因情绪会出现规律性波动，其实，很多妈妈都不知道的是，孩子的情绪也是有周期表现的。很多父母都特别粗心，觉得小屁孩有吃有喝的，有什么资格感到生气呢？的确如此，孩子吃喝不愁，被爸爸妈妈无微不至地照顾，为何会感到情绪不好呢？就是因为孩子也有情绪周期，他们的情绪会呈现出规律性变化，因此父母要捕捉孩子的情绪信号，也要帮助孩子疏导情绪。

前文说过，影响孩子情绪的因素有很多，而且孩子的情绪还有周期性改变。又因为孩子并不善于掩饰情绪，而是常常把自己的喜怒哀乐都表现出来，他们受到情绪的影响就会导致行为也发生改变。有的孩子在某一段时间会变得特别爱哭，有的孩子在特定阶段情绪会变得非常亢奋，也有的孩子原本很健谈却变得沉默……只要孩子没有更明显的异常或者是不正常的表现，父母无须过于紧张。作为父母，既要对孩子的情绪明察秋毫，也要了解孩子的情绪周期是正常现象，从而适度对待孩子，有效引导和帮助孩子疏导情绪，让孩子情绪良好、行为平和。

消除情绪地雷，才能保持好情绪

作为幼儿园大班的孩子，若曦开始学习更多的内容了，如画画、唱歌、简单的数字等，为将来升入一年级做准备。然而，在学习各种知识的过程中，老师发现若曦有一个非常奇怪的表现，那就是每当老师布置一个学习任务，如学会一首古诗，或者是画出一幅画的时候，若曦总是非常紧张。其他孩子已经开始读读背背或者拿起画笔顺畅地作画了，但是若曦却紧张得不知所措。老师不知道若曦怎么了，特意找来若曦的父母了解原因，这才知道若曦从小是由爷爷奶奶带大的，若曦的爷爷奶奶都是大学老师，所以对于若曦的要求非常严格。若曦小小年纪就被爷爷奶奶教会背诵古诗、画画、唱歌，但是她却压力很大，感到非常焦虑，渐渐地在面临新的学习任务时总是很紧张，生怕自己做不好会被批评。

看到若曦面对一项新的学习任务如此紧张，爸爸妈妈这才意识到爷爷奶奶对于若曦的超前教育和高标准严要求，导致若曦很紧张，而且内心惶恐不安。他们带着若曦去看心理医生，心理医生建议给若曦一两年的时间去恢复，不要给她任何压力，让她弥补无忧无虑的童年。妈妈很担心："但是，她明年就要上小学了，刚开始读一年级的时候必然觉得紧张和有压力。"心理医生说："心理健康关系到孩子一生的幸福，晚一年上学又有什么关系呢？否则孩子的情绪障碍越来越严重，再想逆转就很难了。"

在这个事例中，爷爷奶奶的超前教育无疑给若曦埋下了一个情绪地雷，导致若曦在平日里表现没有异常，但是在到了大班需要学习的时候，隐藏在心中的压力马上爆发出来。其实，孩子有自身的成长规律，不管是爷爷奶奶还是父母，都不要对孩子做揠苗助长的事情。就像事例中的若曦，因为被剥夺了快乐无忧的幼儿时光，到了幼儿园大班问题爆发，还要去弥补幼儿时光。既然如此，为何当初不能让若曦年幼的时候就无忧无虑地度过每一天呢？

从心理学的角度而言，孩子的情绪地雷都是因为环境导致的。看起来，婴幼儿似乎对于周围的环境没有太深入的参与，而实际上婴幼儿正是在感受环境的过程中，发展自身的注意力、观察力，才能够形成完整的认

知过程。在潜移默化中，周围的环境就像经过刻录机刻录一样印到孩子的大脑中，为此很多伟大的心理学家对那些成年以后行为异常的人进行研究，发现他们成年的悲剧都与婴幼儿时期以及童年时期的经历密切相关。作为父母，一定不要把情绪地雷埋在孩子的生命之中，要想让孩子生活得幸福快乐，我们就要给孩子营造一个良好的生存环境。

父母有好情绪，孩子才更快乐

小米从小就不快乐，总是郁郁寡欢。其实，她的家庭在外人看来很幸福，她的爸爸是律师，妈妈是医生。按理来说，这样的中产阶级家庭，家境殷实，孩子要什么有什么，也会得到父母所有的爱，没有理由不快乐。但是，小米的爸爸除了律师身份之外，还是一个酒鬼。他因为工作的关系经常陪人喝酒，渐渐地变得越来越依赖酒精，就算没有人请他喝酒，他也会在家里喝酒，而且经常喝醉。

爸爸每次喝醉酒之后，都会和妈妈吵架，也会呵斥小米。小米越来越害怕爸爸，在她眼中，爸爸就像一个魔鬼，她甚至幻想着自己如果没有爸爸只有妈妈该多好。每当看到其他孩子在爸爸面前撒娇，有任何问题都会第一时间找到爸爸求助，小米总是把眼泪往心里流。妈妈总是告诉她不要招惹爸爸，不要惹得爸爸心烦，因为爸爸不管是高兴还是生气，都会喝很多酒，然后撒酒疯。小米郁闷极了。

看着这样的描述，即使隔着书本、隔着屏幕，我们也能感受到小米的无奈、压抑和忧郁。自古以来，在所有的家庭里，父亲都应该肩负起家庭的重任，是家庭顶梁柱的角色。而对于小米而言，她的爸爸却是家里的一个不定时炸弹，不知道什么时候就会喝醉，不知道什么时候就会撒酒疯，可想而知小米根本无法从爸爸那里获得安全感，内心必然是漂泊动荡甚至压抑忧郁的。

前文说过，童年生活的一切都会刻印在孩子的脑海中，即使孩子在无意识的状态下，这些印刻着的经历也会影响孩子的成长，影响孩子的人生。那么，对于孩子而言，最重要的生存环境是什么呢？不是房子，不是居住在城市还是农村，也不是学校，而是父母。正如人们常说的，父母是孩子的第一任老师。新生儿从呱呱坠地开始，就要依靠父母无微不至的照顾才能更好地生存，为此孩子在很长一段时间内，都与父母联系最为亲密。父母的一颦一笑、一举一动，都被年幼的孩子看在眼睛里，牢牢记在心里，父母的情绪也在不知不觉间影响着孩子。有心理学家经过研究发现，几个月的婴儿就会看父母的脸色，在父母笑容满面的时候，他们的神情会更加轻松，而在父母面色严肃的时候，他们的神色也会马上改变，不再微笑。为此，父母要想让孩子更加快乐，就要以好情绪面对孩子，为孩子营造轻松愉悦的生存环境。

看到这里，有些父母也许会说："我们每天工作那么辛苦，既要工作，又要照顾家庭，累得够呛，哪里还有那么好的心情去对待孩子呢？"试问父母，如果你们已经为孩子做了很多，不管做什么事情都把孩子放在第一位，那么你们为何还要吝啬给予孩子笑脸呢？只是笑脸而已，慷慨的父母一定要给孩子，这样孩子的成长才会更加圆满，孩子的未来才会与幸福快乐相伴。

作为父母，一定要肩负起陪伴和引导孩子成长的重任，当好孩子的第一任老师。哪怕父母本身承受着巨大的生存压力，也不要总是对着孩子肆意发泄情绪。有很多父母发现孩子情绪容易波动，很爱生气、说狠话，

不能做到与他人友好相处，先不要急于从孩子身上找原因，而是要反思自己。正如人们常说的，孩子是父母的镜子，当一个人照镜子的时候发现镜子里的自己满脸脏污，难道要去擦拭镜子吗？当然是要擦拭自己，等到把自己的脸擦拭干净，镜子里的自己也就变得干净了。情绪变化不但会影响孩子的心理健康与情绪状态，反过来，也会影响孩子的行为举止和身体健康。有消化内科的医生经过长期临床观察发现，相当一部分消化道溃疡或者消化功能不好的病患，不是因为病人胃肠道本身有问题，而是因为他们的情绪很紧张、焦虑。帮助这样的病人进行治疗，服用药物只能起到辅助的作用，最重要的是让他们调节好心情、调整好状态，从而才能保持情绪愉悦，身体上的疾病也就会不治而愈。当然，孩子是很容易犯错误的，因为他们心智发育还不够完善，也缺乏人生经验，即便如此，父母也不要总是指责和批评孩子，而是要认识到金无足赤、人无完人，更何况是孩子呢？父母要肩负起的角色是孩子的引导者，而不是孩子的批判者。作为父母，一定要放下高高在上的家长权威，真正作为孩子成长的陪伴者，就像朋友一样与孩子携手并肩、共同成长。只有营造友好融洽的亲子关系，父母与孩子才会更和谐地相处，父母与孩子才会更加了解和理解彼此，也可以营造更好的家庭教育氛围。

小测试：孩子的情绪健康吗

1. 孩子会随随便便发脾气吗？
2. 孩子会排斥沟通和表达吗？
3. 孩子的消化功能不好吗？
4. 孩子会莫名其妙哭泣吗？

5. 孩子会做噩梦吗？

6. 孩子喜欢与他人相处，结识新朋友吗？

7. 孩子愿意与父母沟通吗？

8. 孩子紧张的时候会咬指甲吗？

9. 孩子做事情的时候能做到全神贯注吗？

10. 孩子有不满意的时候会歇斯底里吗？

11. 孩子是否愿意参加各种集体活动？

12. 孩子会自我否定和批判吗？

13. 孩子害怕黑暗和孤独吗？

14. 孩子害怕小动物吗？

15. 孩子会黏着父母或者爷爷奶奶不愿意分离吗？

16. 孩子经常表现出厌学情绪吗？

17. 孩子是否很自卑，遇到小小的困难就会放弃呢？

18. 孩子是否经常情绪崩溃，又在恢复冷静之后非常懊悔呢？

情绪分析：

0~6分，说明孩子心理健康，情绪正常；7~12分，说明孩子有些情绪低沉，消极沮丧，父母要对孩子进行适度引导；13~18分，意味着孩子的情绪处于动荡之中，心理状态很不稳定，父母要重视孩子的心理和情绪问题，必要的时候带着孩子去寻求心理专家和教育专家的帮助。

第 4 章
儿童恐惧症，孩子的恐惧从何而来

孩子时常会感到恐惧，他们害怕的东西很多，有的孩子怕黑，有的孩子怕孤独，有的孩子怕睡觉，有的孩子怕与父母分离……孩子怕的东西形形色色，他们的恐惧来自他们的内心深处，来自他们对于未知的一切事物的揣测。孩子的适度恐惧是正常的，一旦恐惧超过限度，就会变成儿童恐惧症，对孩子的生活产生严重的负面影响。因此，父母一定要了解孩子的恐惧，这样才能有的放矢地帮助孩子消除和战胜恐惧。

如何赶走孩子内心的恐惧

夜晚来临,妈妈在给乐乐讲故事。乐乐是个胆小的女孩,她的弟弟欢欢早就已经可以独自睡觉了,但是她却常常觉得害怕。为此,妈妈每天晚上都会给乐乐讲故事,陪伴乐乐入睡。妈妈给乐乐讲着白雪公主的故事,乐乐似乎心不在焉,躺在床上,一直看着窗户的方向。窗户上挂着窗帘,妈妈不知道乐乐在看什么,因而停止讲故事,问乐乐:"乐乐,你在看什么呢?"乐乐害怕地说:"妈妈,我很害怕,你今天晚上可以不要走,和我一起睡觉吗?"妈妈耐心地安抚乐乐:"乐乐,你是姐姐啊,弟弟都自己睡觉了,妈妈认为你也可以做到。"乐乐居然开始瑟瑟发抖:"但是,我真的很害怕。"在乐乐的再三央求下,妈妈答应陪着乐乐一起睡觉。

但是等到讲完故事,乐乐却不让妈妈关灯。妈妈很郁闷:"不关灯怎么睡觉呢?"乐乐再三对妈妈说:"妈妈,不要关灯,不要关灯!"亮着灯,妈妈根本无法入睡,但是看着乐乐害怕的样子,妈妈只好假装闭上眼睛陪着乐乐睡觉。妈妈问乐乐:"乐乐,你到底害怕什么呢?"乐乐说不出来。后来,一直等到乐乐睡着了,妈妈才把灯关掉。

乐乐到底害怕什么呢?她说不清楚,妈妈也不知道。其实,孩子还小,对于这个世界充满了未知,为此很多父母看来非常普通寻常的事情,孩子却因为认知能力有限,人生经验缺乏而感到深深的恐惧。他们不理解一些事情,对于一些事情没有把握,当然也就不会像成人一样了解。所以

作为父母，要想探究引起孩子恐惧的根本原因，就不要总是站在成人的角度去看待和思考问题，而是要设身处地为孩子着想。

曾经有心理学家提出，恐惧是人的本能，属于"上古情绪"。为此，孩子们恐惧的情绪源于曾经动物性的本能，而不是后天习得的。追根溯源，恐惧起源于敬畏，对于那些未知的事物，孩子们本能地怀着敬畏。为此，要想帮助孩子消除恐惧心理，就要引导孩子认识真相。此外，在现实生活中，孩子们还很容易受到身边的人和事情的影响。例如，孩子原本是初生牛犊不怕虎，对于一件事情根本不害怕，如果身边有人以恐惧的语气说起这件事情有可能引起的严重后果，孩子们心中就会油然生出恐惧的情绪。

除了本能的恐惧之外，还有习得性恐惧。所谓习得性恐惧，指的是孩子已经亲身经历过一件事情，所以当这件事情再次发生的时候，他们就会很恐惧。举个最简单的例子，新生儿第一次在医院打针的时候，根本不知道害怕。甚至几个月的婴儿初次去打防疫针的时候，也不知道发生了什么事情，直到针头刺入他的肌肉，他才会因为感受到疼痛而哭起来。但是随着孩子渐渐长大，他们知道了去医院就是要打防疫针的，所以他们一旦看到穿着白色大褂的医生和护士就会因为恐惧而大哭，甚至有些孩子看到穿着白衣服的人就会哭泣。这就是典型的习得性恐惧。习得性恐惧是后天形成的，建立在孩子对世界的认知基础上。古人云："一朝被蛇咬，十年怕井绳。"就是这个道理。不过，孩子的习得性恐惧也有被动形成的。例如，当孩子不愿意乖乖睡觉的时候，父母吓唬孩子会有妖怪出来抓人。渐渐地，孩子对于根本不存在的妖怪会产生强烈的恐惧心理，甚至产生心理阴影。父母一定不要以这样的恐吓方式让孩子暂时听话，否则带给孩子的将会是更大的、难以消除的伤害。只有了解孩子恐惧的原因，知道孩子为何恐惧，父母才能有的放矢地缓解孩子的恐惧，或者帮助孩子消除恐惧。

儿童恐惧症有什么表现呢

今天,妈妈带着娜娜去公园里玩耍,娜娜看到美丽的花蝴蝶翩翩起舞,高兴地跑起来,去追蝴蝶。她跑得太急了,没有留意到脚下的一个小石子,摔倒在地上,膝盖上破了一块皮。娜娜当即大哭起来,妈妈仔细检查娜娜的伤势,发现伤口不严重,只是破了一层皮,留了很少的血。妈妈带着娜娜去附近的医务室进行了消毒包扎,就带着娜娜回家了。回到家里之后,娜娜赶紧向爸爸哭诉:"爸爸,我的腿摔了。"爸爸把娜娜抱在怀里一番安抚,娜娜又伤心地哭起来。妈妈看着娜娜的样子,说:"娜娜,真的有那么疼吗?已经消毒包扎了,不应该那么疼了呀!"听到妈妈的话,娜娜更伤心了,哭个没完没了,问爸爸:"爸爸,我的骨头会断吗?"爸爸回答:"不会的,这只是一点点小伤。要是骨头摔断了,你就不能走路了,但是你现在虽然有点儿疼,还是可以走的,对不对?"娜娜迟疑地点点头,似乎并不是很相信爸爸的话。

整个晚上,娜娜都乖乖地坐在沙发上一动不动,而且把腿细心地放在沙发上。要睡觉了,妈妈喊娜娜去洗漱,娜娜哭着说:"我的腿受伤了,不能洗啦!"妈妈忍俊不禁地笑起来:"小公主,只要不把伤口沾上水就没事,我只给你洗脚。"看到妈妈要来拉着自己去洗漱间,娜娜忍不住大喊起来:"不要,不要,我不要!我不能走路啦!"妈妈有些懊恼:"娜娜,你不是说自己很勇敢吗?不要这么娇气,好不好?你的腿已经好了!"娜娜说:"没好,没好!"最终,娜娜也不愿意洗脚,爸爸只好把她抱到床上去睡觉。娜娜还是哭哭啼啼,爸爸问:"娜娜,你为什么这么害怕呢?"娜娜说:"我可不想变成瘸子啊!"爸爸说:"不会的,明天就好了。"娜娜说:"你骗人。小梦的爸爸就是摔了一跤,现在不能走

路,还要拄着拐杖呢!"爸爸恍然大悟,说:"娜娜,你的情况和小梦爸爸的情况不一样。小梦爸爸是从楼上很高的地方摔下去的,把骨头摔坏了。你的膝盖只破了一点点皮,爸爸保证,你好好睡觉,明天早晨起来就又活蹦乱跳的了,好吗?"

原来,娜娜在摔跤之后这么害怕,根本原因是小梦的爸爸呀!爸爸妈妈一直在安抚娜娜,却没有了解娜娜恐惧的根本原因,为此不管怎么安抚娜娜,都无法达到预期的效果。所谓解铃还须系铃人,要想消除孩子的恐惧,就一定要弄清楚孩子为何恐惧,否则只会导致事倍功半。当然,孩子还小,表达能力有限,或者很多年幼的孩子还无法流畅地用语言表达自己的内心。每当这时,父母就要有耐心地询问和了解孩子的真实想法,从而对症下药,消除孩子内心的恐惧。

儿童恐惧症有轻度、中度和重度之分,为此父母要了解孩子所患的恐惧症的轻重程度。通常情况下,轻度恐惧症不会对孩子的生活造成影响,孩子只是表现出害怕的东西和事情比较多而已,只要带着孩子远离让他害怕的人和事情,等到他渐渐长大,内心越来越强大,恐惧的表现也就会好转。相比之下,中度恐惧症和重度恐惧症对于孩子的影响是很严重的,甚至有些孩子会把童年时期恐惧的阴影带到成年生活中,也有些孩子因为严重恐惧而影响身体健康。年幼的孩子因为受到惊吓,往往会出现发高烧等情况,主要原因是他们在惊吓之余心神涣散,内心非常紧张焦虑。

和焦虑相比,孩子的恐惧症表现更加明显。每当孩子感到恐惧的时候,就会情不自禁地急促呼吸,而且脸色煞白、四肢无力,甚至还会发出尖锐的叫声,表现出抑郁、绝望的样子。在这种情况下,父母一定要第一时间安抚孩子,也要尽全力为孩子营造安全的环境,一则要把孩子拥抱在怀里,以肢体上的接触给予孩子更加强大的力量去面对,二则要以孩子能够听得懂的语言向孩子解释他们所恐惧的事情，如此双管齐下，孩子才能尽快恢复正常。有些孩子因为曾经受到过恐惧的强烈刺激，为此往往会在事情发生之后很久的时间里，依然对相关的事物非常恐惧，这是不正常的现象，很容易发展成为恐惧症，父母要引起重视，带着孩子及时寻求专业帮助。举例而言，有的孩子在看到过密密麻麻的蚂蚁感到恐惧之后，会对密集的东西都感到恐惧；有的孩子小时候有过被狗咬的经历，哪怕听到狗叫都会瑟瑟发抖；有的孩子曾经有过溺水的经历，看到水就会害怕，甚至不敢在浴缸里洗澡。这些都是恐惧症的表现，父母要留意孩子的异常恐惧表现，也要积极地帮助孩子，这样才能让孩子远离恐惧，找到快乐。

分离恐惧发生的原因

佳佳两岁半，自出生以来就与妈妈形影不离。妈妈为了照顾佳佳，在休完产假之后，直接辞职全职照顾佳佳，就连晚上睡觉，佳佳都要和妈妈依靠在一起，睡梦中的时候，佳佳常常会摸索妈妈，只有摸到妈妈的时候，他才会感到安心，否则就会惊醒。一开始，妈妈并不觉得佳佳这样有什么不好，还给佳佳起了个绰号，叫作"小尾巴"。然而，眼看着佳佳已经两岁半了，和佳佳一般大的孩子都去幼儿园上托班培养独立能力了，妈妈这才惊觉佳佳与她是不可分开的，这可怎么办呢？虽然妈妈不准备让佳佳上托班，但是面对就连自己上厕所都要跟着站在门口的佳佳，妈妈真的很发愁。

在佳佳3岁的时候，还有半年就要上幼儿园小班，妈妈决定对佳佳进行分离训练。妈妈特意把姥姥从老家接过来，让姥姥和佳佳熟悉一下，因为等到佳佳上幼儿园，妈妈就要去上班，由姥姥负责接送佳佳。但是，佳

第 4 章　儿童恐惧症，孩子的恐惧从何而来

佳对姥姥很陌生。姥姥来了半个月之久，佳佳才愿意和姥姥在一起，但是妈妈必须也在旁边。有一天，妈妈看到佳佳正在全神贯注地看电视，就悄悄溜出家门去逛街。其实，妈妈倒不是有多么想逛街，而是想看看佳佳看不到自己会有什么反应。果然，妈妈才离开家半个小时，姥姥的电话就打过来了："佳佳找不到你，哭得撕心裂肺，怎么也哄不好。你赶紧打车回来吧！"救急如救火，妈妈当即打车回家，第一时间出现在佳佳面前。佳佳一头扎入妈妈的怀里，此后一个晚上的时间都扯着妈妈的衣服不愿意撒手。妈妈趁机对佳佳说："佳佳，妈妈只是出去买件漂亮衣服，让你有个漂亮的妈妈，很快就会回来的。过段时间就要去上幼儿园，和老师、小朋友们在一起，妈妈也要去上班，但是等到你放学了，妈妈也下班了，我们就可以在一起。"佳佳当即号啕大哭起来："不要，不要！我要和你在一起！"看着哭闹不止的佳佳，妈妈深刻意识到缓解佳佳的分离焦虑迫在眉睫。

　　孩子为何会有分离恐惧呢？就是因为对父母的依赖。通常情况下，每个家庭里都会有专门的人负责照顾孩子。例如，佳佳的妈妈就是辞掉工作全职照顾佳佳的，所以佳佳对于妈妈的依赖性很强，不愿意与妈妈分离。孩子是很弱小的生命个体，他们尽管不能准确表达，但是却知道自己需要与谁紧密相依，为此他们会很依赖照顾他们的人。当然，孩子害怕分离的对象不一定是妈妈，如果爸爸主要负责照顾他们，他们就会害怕和爸爸分离。谁照顾孩子的时间更长，孩子就会对谁产生强烈的依赖性。为了缓解孩子的依赖性，作为照顾孩子的人，要适度与孩子分离，而不要一分一秒都不与孩子分开，否则就会使得孩子形成依赖。其实，父母对于孩子的爱不是一成不变的。对于新生儿，父母当然要全身心地投入照顾，但是随着孩子不断成长，各方面能力越来越强，父母要学会放手，循序渐进地培养孩子各种独立的能力，这样孩子才能不断成长，越来越强大。

父母即使再爱孩子，也不可能永远陪伴在孩子身边。作为父母，一定要明智、理性、适度地爱孩子，这样才能引导孩子健康快乐地成长。父母的溺爱，是对孩子最大的害。明智的父母不会溺爱孩子，而是会给孩子更大的成长空间，让孩子健康快乐地成长，让孩子不断地强大。当然，当孩子已经对父母形成依赖，出现分离焦虑的时候，父母要注意以下几点：首先，父母要理解孩子不想与父母分开的心情，孩子那么弱小，需要寻求父母的保护和照顾，一旦离开父母，他们会因为缺乏安全感而感到内心不安；其次，父母帮助孩子克服分离焦虑，一定要循序渐进，不能急于求成。很多父母看到孩子胆小的样子很着急，恨不得一下子就让孩子从胆小变得勇敢，从而对孩子采取更多过于着急的手段，其实这样的强制行为会对孩子的身心发展造成伤害。父母一定要有耐心，理解和尊重孩子，逐渐对孩子放手，从而锻炼孩子各方面的能力。作为孩子依赖的人，可以暂时离开孩子，在短暂时间后回来，这样一来，孩子就会知道自己所依赖的人还会回来，渐渐地，分离焦虑就会减轻。

大多数父母都会在孩子需要入园的时候，才去关注孩子分离焦虑的问题，也是为了入园做准备。其实，凡事都要未雨绸缪，提前做好准备，只有这样才能有更充足的时间把事情做得更好。否则，如果总是事到临头再去想办法解决问题，进展就会很艰难。父母应该从孩子小时候开始就引导孩子与更多的人接触，尤其是妈妈专门负责带养孩子的时候，就更要让孩子学会与小伙伴相处。人是群居动物，每个人都需要在人群中生活，孩子也是如此。现代社会，不管是孩子还是成人，学会与人打交道很重要。因此，父母首先要克服自己内心与孩子分离的恐惧，这样才能循序渐进地锻炼孩子，也才能让孩子爱上与父母"渐行渐远"的独立生活。

孩子为何害怕小动物

乐乐很胆小，不但怕黑，常常要求妈妈陪着她入睡，而且还很害怕小动物。有一次，妈妈带着乐乐和欢欢一起去动物园玩耍，动物园里有很多山羊、小鹿等，是可以喂食的。欢欢一到动物园就让妈妈给他买了胡萝卜、白菜等食物，喂养小动物。妈妈买了两份胡萝卜和白菜，也给了乐乐一份，但是乐乐离动物很远，把胡萝卜和白菜扔过去，而欢欢呢，则抚摸着小羊的头，拿着白菜和胡萝卜给小羊吃。

乐乐正在丢东西到羊圈里的时候，有一个小羊突然打了个喷嚏，把乐乐吓得一哆嗦，居然哭起来。妈妈赶紧安抚乐乐，但是乐乐再也不愿意喂小羊了，把胡萝卜和白菜都给了欢欢。欢欢与小动物玩得不亦乐乎，妈妈直嘀咕：这俩孩子怎么相差这么大呢？然而，过了没几天，老师就打来电话说乐乐闹着要回家。原来，老师要求孩子们带小动物或者植物去学校，有个同学带了兔子，乐乐很害怕，说什么也不要再待在幼儿园里，坚持要求回家。妈妈无奈，只好把乐乐接回家。

很多人都喜欢毛茸茸的兔子，而且兔子性情很温和，不具有攻击性，为何乐乐却如此害怕兔子呢？是因为她真的很恐惧看到小动物。不得不说，乐乐与很多喜欢小动物的孩子是不同的，如果只是不喜欢，处于轻度恐惧的范围，还不会对生活造成不良影响。如果对于动物的恐惧上升到严重的程度，那么等到孩子长大之后，就会因为恐惧小动物而影响生活，甚至还会对毛绒玩具产生排斥和抗拒。那么父母就要引导孩子，让孩子渐渐地接纳小动物。其实，孩子对于小动物的恐惧有两个来源：一个是因为曾经受到过小动物的伤害，另一个则是因为不了解小动物，小动物对于他们而言就是未知的事物。因此，父母在孩子年幼的时候接触小动物时，要注意保护好孩子，也要向孩子介绍小动物，这样孩子才会更了解小动物，也会对于小动物更加喜欢。

当然，在引导孩子喜欢小动物的时候，不要心急，所谓心急吃不了热豆腐，如果强迫孩子马上就要接纳小动物，则只会导致孩子对于小动物更加抵触。此外，父母在与孩子相处的时候，还要避免以小动物吓唬孩子。例如，有些父母总是说"让小狗咬你""让老虎吃掉你"等。这样一来，孩子就会被动地对动物产生恐惧，无法对动物产生爱。当然，小动物的确会对孩子造成伤害，父母在小时候要保护好孩子，等孩子长大一些，也要告诉孩子如何在接近小动物的时候保护好自己。

恐惧一旦产生，想要消除并不是那么容易的事情，必须循序渐进。所以父母引导孩子消除对于小动物的恐惧时也要遵循循序渐进的原则。热爱小动物的孩子会更有爱心，也会在照顾小动物的过程中变得有耐心。而且，热爱小动物的孩子也与大自然更加接近，身心会更加健康快乐地发展与成长。

孩子为何恐惧开学

为期两个月的暑假即将结束，小麦就要开学了。原本在暑假里生龙活虎的她，最近几天看起来明显蔫头耷脑。而且，她每天也不再出去玩了，而是乖乖留在家里补作业。有一天吃晚饭的时候，妈妈问小麦："小麦，作业都写完了吗？就要开学了。"小麦突然很厌烦地回答妈妈："一天到晚就知道作业作业，你的女儿是我，不是作业！"看着小麦沮丧的样子，妈妈丈二和尚摸不着头脑："你疯得不想上学了是吧？天天在家里玩，看电视，四处疯跑，以后就不应该放暑假！"小麦听到妈妈这么说，生气地放下碗筷，回到房间里把门关上，不愿意继续和妈妈说话。

这个时候，爸爸对妈妈说："你没看到小麦最近几天情绪很焦虑吗！估计是不想开学，你就不要刺激她，让她适应下开学的日子吧！"妈妈觉得爸爸说得有道理，学总是要开的，再怎么逃避也没有用，不如就让小麦自己去面对。

曾经有心理学家调查发现，在孩子的群体中，有99%的孩子有开学恐惧症，这就意味着不管是学习成绩好的学生还是学习成绩落后的学生，都不想结束假期去学校里上课。为此，有些父母觉得孩子心态不端正，对着孩子劈头盖脸数落；有的父母觉得孩子怎么能厌倦学习呢，总是训斥孩子。殊不知，孩子有厌学心理是很正常的，有开学恐惧也完全可以理解。即使是成人，在假期结束的时候也很不想投入压力山大、纷繁忙碌的工作中，更何况是孩子呢？所以父母先要理解孩子厌学情绪的产生，接下来才能引导孩子认识集体生活的好处。

让人惊讶的是，小学、初高中的孩子因为上学有作业，学业压力大，所以出现厌学情绪，为何幼儿园的孩子也会厌学呢？很多父母都不能理解这个问题，觉得孩子去幼儿园就是玩的，在幼儿园里吃吃喝喝，和小朋友们一起玩耍，多么好啊！其实，幼儿园的孩子有开学恐惧也可以理解。孩子在家里无拘无束、随心所欲，一旦去了幼儿园，就不得不被老师管教，还要遵守幼儿园里的作息规律和秩序，这样一来，他们当然会觉得受到约束和禁锢。因此，幼儿园的孩子恐惧开学也就可以理解。

首先，父母要想安抚孩子的开学恐惧，要从调整好孩子的情绪入手。开车的人都知道，在刹车的时候不能突然紧急刹车，而是要有一个适应的过程，所以不能把刹车一脚踩到底，而是要点刹。对于孩子来说，从漫长的假期一下子进入紧张规律的学习生活中，也是很难适应的，所以父母可以在假期结束之前，就给孩子留出缓冲期，让孩子循序渐进地接受即将开学的事实。其次，父母还要深入挖掘孩子为何不想开学，恐惧学校，有的放矢才能解开孩子的情绪疙瘩，否则如果解决的方法不对症，只会导致孩子更加抵触学校。最后，假期中父母在孩子顽皮的时候，切勿当着孩子的面说"再不听话就把你送到学校去"，这样一来，孩子就会以为只有不听话的孩子才被惩罚进入学校，会误以为学校是个可怕的地方。当父母换一种说法"只有表现好的小朋友，才能进入学校学习"，那么孩子就会把幼儿园、学校当成是一种嘉奖，也是对于自己的认可。如此潜移默化地感染孩子，孩子渐渐地从思想意识方面就会认识到学习是件很有趣的事情，也是很美好的事情，从而帮助孩子更加健康快乐地成长。

面对陌生的人、事引起的恐惧

玲玲两岁了，在家里是个不折不扣的开心果，深受全家人的喜爱，但是一旦走出家门，原本活泼开朗的她马上发生改变，成为地地道道的闷葫芦。这还不是最糟糕的，最糟糕的是在面对陌生的人和事情时，她常常会感到恐惧，甚至害怕得哭起来。

有一天，妈妈的同事带着孩子来家里玩，同事的孩子只比玲玲大半岁，按理来说玲玲应该很欢迎小客人，但是玲玲却躲在房间里不愿意出来，而且每当小客人想要靠近她的时候，她就会撕心裂肺地哭泣。同事无奈，只好和妈妈匆忙说了几句话，就赶紧离开。妈妈不好意思地对同事说："真是不好意思，这个孩子特别内向胆小，也不知道是随谁了！"同事问妈妈："平日里，孩子是由你带还是老人带？"妈妈回答："是由老人带，老人身体不是很好，很少带孩子出门。"同事恍然大悟："难怪呢。我就觉得这孩子不是胆小，而是认生。要多多带她出门，接触更多的人，渐渐地就好了。她现在年纪小，看到陌生人会感到害怕，也是很正常的。"在同事的劝慰下，妈妈心中才觉得舒服一些。

在这个实例中，玲玲之所以害怕陌生的人和事情，一则是因为玲玲还小，二则是因为玲玲经常待在家里，很少出门见识更多的人和事情。正如同事所说的，只要爸爸妈妈经常带玲玲去家以外的地方，见识更多的人和事情，渐渐地，玲玲面对陌生的人和事情就没有那么紧张和恐惧了，也会变得更加开朗。

很多年幼的孩子在家里是一个孩子，在家外是另一个孩子，尤其是1~3岁的孩子，他们正处于熟悉和接纳外部世界的关键时期，正在把自我与外界区别开来，为此急需要建立安全感。在此过程中，父母固然要帮助孩子见识更多的人和事情，也需要帮助孩子摆脱对于陌生人和事情的恐惧，从而才能让孩子更加大方。还需要注意的是，一定不要过于急躁，催促孩子或者强制孩子必须接纳陌生环境，否则就会导致事与愿违，使得孩子对于外部世界怀有更加深刻的恐惧。

每个孩子都是独立的生命个体，他们的脾气秉性都是不同的。父母对于孩子要因材施教，而不要总是以别人家的孩子作为自家孩子的标杆，要耐心深入地了解自家孩子的性格特点，才能有的放矢地引导和帮助孩子，才能给予孩子更好的引导。不可否认，有些孩子之所以认生并非是因为他们接触外界太少，而是因为他们本身的性格就是胆小害羞，为此父母要对孩子有足够的信心和耐心，要尊重孩子生命的节奏，有的放矢地去帮助孩子获得成长。有的时候，家里要来客人，父母还可以给孩子通告，提前帮助他们做好迎接客人的心理准备和行动准备，这样一来孩子有了心理准备，自然会有更好的表现。尤其是当有小客人到访的时候，父母还可以引导孩子与小客人进行有趣的游戏，其实孩子与孩子之间的距离是很小的，只要方式适宜，他们之间很快就会熟悉起来，也会更加和谐融洽地交往。

小测试：孩子被恐惧症困扰了吗

1. 孩子感到恐惧后，离开引起恐惧的人或者环境，能恢复情绪平静，或者依然沉浸在恐惧之中无法自拔？

2. 孩子对某些事物感到害怕之后，过几个小时，孩子的生活和行为表现能否恢复正常，还是依然受到严重影响，迟迟不能恢复正常状态呢？

3. 孩子恐惧的是某一件具体的东西，还是恐惧具体东西所属的一类东西呢？

4. 孩子在看图片或者影视形象的时候，能意识到那些东西都是虚构的，还是会害怕得不能自控呢？

5. 对于孩子恐惧的东西，当父母给孩子讲解的时候，孩子可以理解和接受父母的解释，渐渐地消除恐惧，还是无论父母多么绞尽脑汁、费尽唇舌去解释，孩子都无法理解和接受，并且依然感到恐惧呢？

6. 面对新鲜事物，孩子是可以接受，还是一味地排斥和抗拒呢？

对于每个人而言，恐惧都是与生俱来的情绪，为此孩子感到恐惧也是很正常的。如果孩子的恐惧在正常范围内，父母无须过于紧张，如果孩子的恐惧超出了正常范围，那么父母可以深入了解孩子恐惧的原因，从而引导孩子、帮助孩子。

在上述的各种问题中，以前一个选择为主，前一个选择属于正常范围，后一个选择则意味着孩子的恐惧超出了正常范围，父母就要引起重

视。父母既不要对孩子的恐惧症过于紧张，也不要对孩子的恐惧症不以为然。只要及时处理和引导，孩子就会渐渐地走出恐惧，恢复正常的情绪状态，而如果任由孩子的恐惧状态肆意发展，孩子就会迷失在恐惧之中，甚至长大成人之后的生活也会受到严重的影响。

第 5 章
儿童强迫症，追求完美的孩子焦虑多

　　现实生活中，不乏有一些完美主义者，他们不管做什么事情都想尽量追求完美。殊不知，追求完美固然是好事情，但是凡事皆有度，过犹不及，如果人们过度沉迷于追求完美，则会渐渐地迷失自己。不仅成人会有完美主义的倾向，孩子之中也有很多人追求完美。从心理学的角度而言，当孩子过度追求完美，他们就会有程度不同的强迫症表现，也会因此而陷入焦虑的旋涡之中无法自拔。

强迫症的各种表现

有一天,小雨正在写作业,妈妈惊讶地发现小雨写作业的时候总是不停地撕掉作业本,感到很疑惑:"小雨,你写作业怎么边写边撕呢?"小雨头也不抬地回答妈妈:"刚才写错了。"妈妈更纳闷了:"写错了不是很正常吗?谁也不能保证自己每次都写得全对,且不需要修改啊!"小雨说:"写错了不好看,必须撕掉。"妈妈警惕起来,检查小雨的作业本,这才发现小雨大部分的作业本都只剩下薄薄的几张纸了。

早晨,特特要去幼儿园,但是他却哭哭啼啼不愿意走出家门,为什么呢?原来,特特把最喜欢的一双鞋子穿了整整一个月不愿意下脚,妈妈无奈之下,只好趁着特特睡着的时候把鞋子刷干净了,正在晾晒呢!特特口中念念有词:"我就要穿那双鞋子,因为我有奥特曼的发型,奥特曼都是穿着那种颜色的鞋子。"原来如此!妈妈一直以为特特是因为喜欢那双鞋所以不愿意下脚,没想到特特是因为那双鞋子与发型相配啊!哪怕妈妈说明天再穿那双鞋子,或者再买一双一模一样的鞋子,特特也不愿意接受。妈妈只好拿出还很潮湿的鞋子给特特穿上,并且说特特是个小强迫症。

现实生活中,很多孩子都和小雨、特特一样有典型的强迫表现与症状。他们因为过于追求完美,不管做什么事情都对自己有着很高的要求不愿意放松,更不愿意妥协,为此他们过于强迫自己,变得很紧张焦虑。大多数人误以为所谓强迫症,就是不能放下心中执念的表现,实际上,强迫

症真正起源于强迫观念。具体解释为,当一个人面对自己不喜欢的人和事物的时候,会竭尽全力想要摆脱这些令他感到不愉快的事情或者人,因此而产生了对自己造成强烈干扰的想法。由此而产生的各种行为,也被称为强迫行为。不可否认的是,在现实生活中,强迫症给人带来的影响是很严重的,主要是因为强迫症患者往往无法控制自己的想法,就连他们自己都觉得这些想法毫无意义,而且令人感到厌恶。他们特别想要消除这些想法,但是内心深处又有一个声音在呼唤着他们拼尽全力去实现这些想法,由此一来,他们的强迫行为就会非常严重,自身也陷入矛盾的想法之中无法自拔。

在成人生活中,强迫症的典型表现是,明明已经锁好家门下了电梯,但是却担心家门没有锁好,再次乘坐电梯上楼去检查门是否锁好,有些严重的强迫症患者甚至会把这样的行为重复好几次。有些强迫症患者明知道有些事情不可为,但是却无法控制自己一定要去做,最终导致这些事情给自己和他人带来严重的伤害。还有些强迫症患者对于秩序特别敏感,不管做什么事情都要按照既定的秩序去做,哪怕其中的某一个程序是毫无意义的,他们也不愿意改变或者调整,不得不说,这是非常糟糕的事情,会给强迫症患者自身的生活带来很多的烦恼和很大的影响。

从心理学的角度而言,大多数强迫症患者都有过度追求完美的表现,为此他们做任何事情都追求尽善尽美,他们总是要不断地检查,重复简单的动作。在如此反复而且强行压制各种想法却没有取得较好效果的情况下,强迫症患者会变得非常焦虑。不得不说,对于强迫症患者而言,强迫观念绝非简单的想法,而是相当于给强迫症患者的心中投下了一个大炸弹,把他们的内心炸得七零八落。需要注意的是,当强迫观念占据上风的时候,不要不由分说就去抵触强迫观念,因为这么做只会让强迫观念变本加厉。正确的做法是接受强迫观念，并且以适宜的方式缓解因为强迫观念而产生的焦虑情绪，积极乐观地面对，这样才能渐渐地解放自己的思想，也才能让自己的内心真正找寻到丢失已久的自由。

有的时候，仪式感是必需的

一天晚上，爸爸妈妈因为加班到很晚才下班回家，原本以为特特已经睡着了，爸爸就自己用指纹打开门进入家里。没想到，特特正坐在沙发上等着他们呢，看到爸爸回来，特特感到非常焦虑，当即开始哭起来。爸爸不明所以："特特，你不是在等爸爸妈妈回家吗？爸爸妈妈现在回来了，你为什么哭呢？"特特喊道："我要开门，我要开门！"妈妈恍然大悟。原来，爸爸妈妈以往回到家里的时候，都是特特飞奔过去帮忙开门，而这一次特特眼巴巴等着爸爸妈妈回家，帮助爸爸妈妈开门，门却被爸爸自己打开了。

妈妈赶紧拉着爸爸回到门外，并且把门关上。这个时候，妈妈和往常一样喊道："特特，我们回来啦！"特特果然破涕为笑，一边擦着眼泪，一边去给爸爸妈妈开门，而且还和之前一样扑到妈妈的怀里，给了妈妈一个大大的拥抱和甜蜜的亲吻。晚上，特特已经睡着了，爸爸纳闷地问妈妈："特特是不是有点儿轴呢？"妈妈说："他还小，正在秩序敏感期，而且他还追求完美，所以你打破了他对于秩序的完美追求，这种追求在他心里是有强迫倾向的。等他长大一些，渐渐地就会好了。"爸爸由衷地对妈妈竖起大拇指："不愧是当老师的，简直就是半个育儿专家！"

对于很多有强迫表现的孩子而言，他们对于秩序、仪式等的追求是

非常强烈的。如果生活没有按照既定的轨迹去运行，或者秩序被打乱，或者仪式感突然消失，他们都会因此而情绪波动。当然，适度的情绪波动并不会给孩子带来太大的困扰，但是过激的情绪波动却要引起父母足够的重视。孩子小时候正处于秩序敏感期，对于情绪表现出偏执的特点情有可原，如果随着不断地成长，孩子还是墨守成规，而且因为秩序的打乱和仪式感的缺失而表现出歇斯底里的情绪，父母就一定要重视孩子的表现，也要给予孩子更多的关注和帮助。

现实生活中，很多父母更多地关注孩子的吃喝拉撒，而很少关注孩子的情绪和心理状态，甚至当孩子出现情绪问题的时候，父母还会觉得孩子是在无理取闹。殊不知，这一切都不是孩子故意为之，而是他们的强迫倾向在作怪。现实生活中，很多因素都会导致孩子强迫症爆发，为此父母一定要用心细致地观察孩子的行为表现，也要以更合适的方法引导孩子学会接纳生活中的很多不完美、不如意，唯有如此，孩子才能更加健康快乐地成长。

当然，孩子正处于特殊的成长阶段，如孩子处于秩序敏感期的时候，父母为了帮助孩子形成秩序，也可以适度配合孩子。等到孩子形成内在的良好秩序，父母再适度引导孩子灵活处理好对于秩序的要求，这才是最重要的。总而言之，孩子的强迫表现并非是很过激的，或者是很严重的，父母在日常生活中也不要过于苛刻地要求孩子，而是要给予孩子更大的空间去自由成长、发展天性。自由自在的人生，才是孩子更需要的，而不要让孩子被内心的秩序所局限和禁锢，更不要让孩子因为内心的惶恐而迷失自我，失去内心的坦然从容。

强迫症对于生活的负面影响

玛丽特别害怕细菌，在生活中，她总是很害怕自己被细菌感染，她觉得到处都充斥着细菌，这使得她简直无法自由地呼吸和自主地展开行动。妈妈一开始以为玛丽只是有洁癖而已，后来看到玛丽因为害怕细菌而不愿意出门，每天都要洗手若干次，才意识到问题的严重性。玛丽甚至拒绝上体育课，因为她觉得体育课很脏。每天早晨到学校，她都要用消毒水消毒课桌，而且觉得同桌身上也带着细菌，所以她更愿意独立坐一张课桌，显得很离群。玛丽为何这么爱干净，甚至到了变态的程度呢？

原来，玛丽小时候，妈妈就特别注重玛丽的卫生情况。妈妈本身是有洁癖的，她规定玛丽在外面穿的衣服进入家门的时候就要脱掉，从而换上家里的家居服。不管玛丽拿了什么东西，妈妈都会帮助玛丽洗手，而且每次都要洗得非常认真。妈妈还不让玛丽触碰水龙头，说水龙头上也是有细菌的。正因为如此，玛丽在近乎真空的环境中成长，自己的洁癖也变得越来越严重。除了上学，玛丽几乎不出去玩，因为她觉得自己只有待在家里才是安全的。看着离群、孤独寂寞、性格越来越古怪的玛丽，妈妈不得不带着她去看心理医生，寻求专业的帮助。

每一个强迫症孩子都有严重的强迫表现，这样的强迫观念和行为会给他们带来严重的负面影响，也会导致他们陷入生活的困境。除此之外，他们还会影响身边的人，导致身边的人也产生困扰。很多家里有强迫症孩子的父母都不理解孩子的行为，也无法接受孩子的很多表现。他们不知道孩子为何会非常坚持做那些毫无意义的程序化的事情或者进行各种仪式，为此他们无法有效地改变孩子的想法。实际上，不但父母无法改变孩子的想法，对于有强迫症的孩子，他们自己也无法改变自己的想法。因为他们有

强迫观念。

强迫症的思维模式是很特别的,处于一个矛盾之中,即他们一方面受到强迫思想的影响要去做该做的事情,另一方面又能意识到自己是不应该这么去做的,为此就会变得很犹豫纠结,在两种矛盾的想法中迟疑不定,不知道何去何从。父母不要抱怨或者指责孩子,而是要意识到孩子内心的痛苦。只有耐心、用心的父母,才能更好地与孩子相处,才能给予孩子最佳的引导和帮助,而不会在无形中加剧孩子因为强迫症引起的痛苦。总而言之,强迫症会给孩子的生活带来不可预估的负面影响,强迫症的存在会影响孩子,也会导致孩子陷入焦虑的深渊之中无法自拔,父母一定要以爱与耐心对待孩子,缓解孩子的强迫症症状,唯有如此,才能帮助孩子成长和成熟。

帮助孩子战胜强迫症

马丁是一个典型的患有强迫症的孩子,他缺乏安全感,每次走出家门之前,都会检查门窗是否关好。其实,这原本不是马丁应该关心的事情,毕竟他才上小学三年级,通常这么大的孩子都不会关注门窗,而父母应该关心关门闭户的安全问题。但是马丁不同,家里的门窗向来都是他负责的。有的时候,即使走出家门已经很远,他也会折返回去,把门窗全都关闭严实。

有一次,爸爸妈妈要带马丁出游,着急赶飞机。就在半路上,马丁突然产生了怀疑:我书房的窗户好像没有关好!马丁当即要求掉头回家去检查,爸爸妈妈一致拒绝:"没有多少时间了,很快飞机就会起飞,耽误了航班损失更大，况且说不定书房的窗户关得很严实呢！"马丁坚决要求回家检查窗户，爸爸妈妈也坚决反对。到了机场，趁着爸爸妈妈去取票、托运行李，马丁居然偷偷地搭乘机场大巴折返，并且发信息给爸爸妈妈："爸爸妈妈，不回家去检查书房的窗户是否关好，我是没法安心去玩的。如果我来不及赶回来，你们就把我的机票退掉吧！"爸爸妈妈很生气也很无奈，当即改签了下一趟航班，而爸爸则驱车回家准备带着检查完窗户的马丁再次赶往机场。

强迫的观念和想法就像是人心中的一颗钉子，非常顽固地扎在那里，一动也不动，拔掉会疼，留着也会疼。就像事例中的马丁，不管爸爸妈妈怎样劝说就是无法释然，最终只得采取这样极端的方式来帮助自己摆脱困扰，也给爸爸妈妈带来了烦恼和巨大的损失。其实，马丁的想法之所以这么顽固，就是因为他无法自制地在头脑中幻想如果窗户没有关，将会有多么可怕的后果。在这种情况下，父母要做的不是否定孩子的想法，更不是以激动的情绪与孩子争吵，而是要帮助孩子缓解焦虑，以平静的口吻和语气开导孩子，这样才是对孩子负责任的态度，也才是对孩子最大的帮助。

很多强迫心理严重的孩子，还会产生各种荒唐至极的想法，甚至做出过激的举动。为此父母在帮助孩子的过程中一定要掌握方式方法，也要把握好合适的限度，不要一味地指责和训斥孩子。强迫症孩子容易走极端，所以父母不管是劝说孩子还是以实际行动帮助孩子，都要在孩子心理可以承受的范围内开展行动，否则非但无法缓解孩子因为强迫心理而产生的焦虑，反而会使孩子内心的想法更加极端和冲动，由此产生严重的后果。

父母也要战胜强迫症

妈妈是一个有洁癖的人，最讨厌的事就是地板上滴下水渍，留下痕迹。为此，妈妈几乎每天都会拖地，而且在地面彻底干燥之前，禁止任何人在湿润的地面上行走留下脚印。尤其是在逆着光线的时候，地面上的脚印和小小的水渍总是看得特别明显，为此妈妈就要拿起拖把重新拖一遍。因为对于地面干净程度的极致追求，所以即使家里有地暖，铺着木地板，妈妈也禁止乐乐光着脚在地板上走来走去，因为脚上有汗渍，很容易在地板上留下脚印。所以年幼的乐乐因为穿着袜子在地板上跑，摩擦力很小而摔了好几次跟头。即便如此，妈妈也绝不妥协。

每到吃饭的时候，乐乐就很紧张，因为他还小，很容易就会把饭粒掉在衣服上、桌子上或者地上。在这三个地方，妈妈尤其不允许乐乐把饭粒掉在地上，因为会在地面上留下痕迹。每当乐乐不小心将饭粒掉在地上的时候，都会得到妈妈的一番河东狮吼："你怎么回事？吃饭难道不能小心一点儿吗？还是你的嘴巴是漏掉的？看看，地面又被你弄脏了。"听着妈妈高分贝的训斥，乐乐常常觉得心惊胆战。然而，妈妈并没有意识到问题的严重性。直到有一次，妈妈带着乐乐一起去参加朋友的婚宴。在饭店里，乐乐不小心掉下一块肉，掉在了衣服上。他马上长吁一口气说："幸好没掉在地上！"这个时候，邻座的朋友感到很好奇："小家伙，掉在衣服上你还这么高兴，油渍是很难洗掉的。掉在地上，捡起来扔掉就好。"乐乐没有说话，坐在一旁的妈妈心中凛然一动："在掉饭的问题上，乐乐的思维方式很异常，这都是因为我对他的要求过于严格和苛刻导致的。"后来，每当乐乐再把地面弄脏，妈妈再也不对着乐乐河东狮吼，而且开地暖的日子里，妈妈强忍住心中的别扭，也允许乐乐光着脚在地板上奔跑了。

其实，乐乐庆幸肉掉在了衣服上，没有掉在地上，已经是有强迫症的表现了。妈妈虽然洁癖很严重，也从朋友的质疑中意识到了问题的所在，而且妈妈知道自己的洁癖很严重，也意识到自己因此而产生了很多烦恼，她当然不想让乐乐这么无奈，深受强迫症的困扰，所以她才会渐渐改变自己，强忍住心中的不悦和懊恼，给予乐乐更加自由宽容的生存环境。

日常生活中，很多好的设施都是为生活便利服务的，而不是为了增加生活的烦恼。作为主妇，妈妈一定很爱惜地板，所以才会在不知不觉中把自己变成地板的奴隶，受到地板的奴役和驱使。正确的做法是要放下这些身外之物，正确看待周围的环境，从而才能让自己真正融入环境之中，成为环境的一部分，与环境和谐融洽相处。

很多孩子的强迫症都来自父母，父母一定要时时反思自己，看看自己是否给孩子带来了莫须有的压力和苦恼，这样才能真正做到帮助孩子，也才能有的放矢地引导孩子。当父母本身就被强迫症困扰，而最糟糕的是作为父母并没有意识到自身问题的所在，没有真正反思自身的情绪问题，这样就会无形中给孩子超强的影响力，甚至影响孩子的成长和进步。有人说，父母是孩子的第一任老师，这句话很有道理。有明智、理性的父母，是作为孩子最大的幸运，也是孩子可遇而不可求的。当然，在孩子出生的时候，父母不够优秀没有关系，更重要的是父母一定要有反思和学习的意识，这样才能陪伴着孩子一起快乐成长，才能成为孩子最好的导师和陪伴者。总而言之，要想让孩子戒掉强迫症，父母首先要戒掉强迫症，这样一来才会给孩子树立积极的榜样。否则，孩子与父母朝夕相处，耳濡目染，难免会受父母的影响。

直接面对，不逃避、不畏缩

在对重度强迫症孩子的治疗之中，暴露疗法是很有成效的。就像孩子原本非常恐惧一件事情，他们可以有两种选择：一种是逃避引起自身恐惧的事情，另一种是逼着自己勇敢面对引起自身恐惧的事情。前者的效果只是暂时的，后者的效果才是更加持久的。同样的道理，强迫症孩子在产生一种想法之后，可以通过屈服的方式去满足自己的想法，也可以采取暴露的方式坚持不采取任何措施，就任由事情朝着自己假想的负面去发展。最终，当他们发现一切并不像他们想象的那么糟糕时，他们内心的紧张焦虑也就会渐渐地缓解。事实是最强有力的说服力量，在事实面前，他们再遇到相似的情况，就不会那么紧张焦虑，也可以有效地缓解强迫症状。

当然，孩子的自制力往往很差，而且他们对于自身情绪的认知能力也有限。当内心产生的顽固想法驱使他们即将做出行动的时候，他们往往很难有效控制自己。例如，他们想去洗手的时候就去洗手，想去检查门窗有没有锁好的时候就去再次检查门窗，他们没有那么强大的力量要求自己放弃那些毫无意义的想法。从本质上而言，父母要告诉孩子，这些强迫想法其实就是大脑中形成的障碍。正常情况下，大脑能够甄别哪些想法是有效的、是值得实现的，哪些想法是该摒弃的。而在强迫症状况下，大脑失去了甄别能力，根本不知道哪些想法是应该付诸行动的，哪些想法是应该被摒弃的。可想而知，孩子的大脑因为强迫想法的存在而变得混乱和无助。作为父母，可以和孩子一起对抗大脑障碍，从而恰到好处地引导、增强孩子对抗一切的力量，而不要总是任由孩子在混乱状态中犹豫纠结、无法自拔。

当然，要想做到这一点，父母就要帮助孩子了解什么是极端固执的想法。不要担心孩子不能听懂或者不能区分，因为对于一个四五岁的孩子而言，他们可以知道哪些想法是正常的，哪些想法是任性的、不被接受的。当然，因为语言发展能力限制了他们的表达，所以他们无法准确区分和清楚区分。为此，父母要引导孩子进行区分。例如，可以以游戏的方式引导孩子对于各种想法进行区分。准备两个箱子，一个箱子上标注"正常想法、可以做的"，另一个箱子上标注"非正常想法、不能做的"。然后，父母和孩子一起界定这些想法属于哪个箱子，渐渐地孩子就会形成正确的想法认知。对于那些不能做的想法要及时剔除，这对于孩子是很有效的帮助。当然，随着不断地成长，孩子的认知能力越来越强，思维能力也会显著增强，为此父母对于孩子的引导和帮助也会更加顺利。

在强迫观念的影响下，孩子会产生各种稀奇古怪、让人匪夷所思的想法，需要明确的一点就是，这些想法未必真的会发生，或者在无所作为的情况下，事情的预期并非一定像孩子所想的那么糟糕。为了帮助孩子暂时遏制住要去弥补或者重复去做的冲动，父母可以采取转移注意力的方式，暂时让孩子把关注点转移到其他事情上。这样一来，孩子就可以更容易地放任他们所担忧的事情不受任何干扰地继续向前发展，最终他们会意识到一切都不会发生，或者说即使最糟糕的结果发生，也不像他们所想象得那么无可救药。他们内心的焦虑才会缓解和消除，他们内心的担忧才会变得浅淡。

事实胜于雄辩，这个真理到何时都适用。有的时候，父母说很多道理给孩子，孩子也未必能够听得进去，这种情况下，父母一定要引导孩子积极面对，帮助他们放下焦虑看着一切发生。这样的直接面对，不逃避、不畏缩，才能让孩子真正意识到现实，也才能帮助孩子缓解内心的焦虑。

此外还需要注意的是，当孩子的强迫症第一次发生的时候，往往是

父母感到最无法接受的时候。即便如此，父母还是要放松心态，而不是如临大敌，更不要当即呵斥孩子改正，或者试图马上纠正孩子。对于父母来说，接纳孩子、安抚孩子的情绪，这是首要的任务，否则父母的不正确应对和过激的情绪反应，只会导致孩子的内心更加紧张和焦虑。作为父母，即使真的忍不住想要提醒孩子，或者给予孩子更好的引导和帮助，也要讲究表达的方式。如果可以不歇斯底里、如果可以不那么郑重其事，何不真正地给予孩子更多的帮助、给予孩子更好的对待呢？心平气和地或者以调侃的幽默语调和孩子沟通，会让孩子变得轻松，可以有效缓解孩子的焦虑情绪，也可以让孩子更加轻松自如，这是非常重要的。孩子不能与焦虑和强迫症表现对抗，父母不能与孩子对抗，当一切都在和谐友好的状态下进行，才会取得最佳的效果和更好的收获。

小测试：

1. 孩子会反复洗手吗？

2. 当作业出错，孩子会撕掉错误的那一页，重新去做吗？

3. 孩子会对某一件事情特别固执吗？不能控制地去做？

4. 孩子是否会经常重复做出无法控制的一些动作？

5. 孩子有固执的表现吗？是否很难接受别人的想法和劝说？

6. 孩子会对身边的人提出要求，并且强迫对方必须要实现吗？

7. 孩子是否不愿意和身边的人一起齐心协力面对问题？

8. 孩子是否不能放下心中的强迫障碍，而总是逼着自己去做？

9. 孩子是否不能从谏如流，而固执地坚持自己的想法，并且一定要按照自己所想的去做呢？

10. 孩子是否总是对人生有太多不切实际的期望,而且还强迫自己达到呢?

在这个测试中,如果孩子对于很多问题的回答都是"是",那么父母就要留心孩子已经有强迫症的倾向和表现,甚至已经患上严重的强迫症。父母先要消除自身的强迫症,接下来才能以平和愉悦的心态与孩子相处,给孩子做好积极的榜样和示范作用。唯有如此,父母与孩子才能友好相处,也才可以潜移默化地引导孩子想得开、看得开,给自己营造自由的成长空间。

第6章
孩子太黏人，可能是分离焦虑的表现

很多孩子都有分离焦虑的表现，尤其是那些从出生就由妈妈亲自带的孩子，对于妈妈的依赖感会更强。当然，孩子还很小，处于弱势群体，他们依赖一直照顾自己的人、自己信任的人是理所当然的，属于正常现象。但是凡事皆有度，过犹不及，如果孩子太过黏人，那么父母就要留心孩子是否患上分离焦虑症，从而有的放矢地缓解孩子的情绪，也要循序渐进让孩子接触更多的人，缓解孩子因为分离引起的焦虑和紧张。

帮助孩子战胜分离焦虑

在熟悉的环境里,孩子很容易感到安全,尤其是在照顾自己的人身边,他们更是远离了焦虑不安和紧张担忧。但是在陌生的环境里,孩子则常常会陷入恐惧之中,他们不知道如何面对外部的人和世界,也因为看不到照顾者而歇斯底里地爆发情绪。从心理学的角度而言,恐惧是一种本能的情绪,为此父母要在照顾和养育孩子的过程中,有的放矢引导孩子从完全依赖父母渐渐地走向独立,这样才是对孩子负责任的态度和表现。

父母即使再爱孩子,也不可能陪伴和照顾孩子一辈子,对于孩子而言,也总有一天需要长大,离开父母的照顾和庇护独自面对这个复杂、变幻莫测的世界。为此,父母对于孩子的培养,不仅仅是教会孩子多少知识,为孩子提供多少物质条件,而是要让孩子渐渐地走向独立,具备自主生存的能力。那么,孩子的分离焦虑到底从何而来呢?是因为对外部世界的未知,是因为对很多还没有发生的事情的担心。有些孩子害怕灾害发生,有些孩子害怕黑暗中隐藏着可怕的怪物,有的孩子甚至会担心父母死去。在孩子稚嫩的心灵中,充斥着这些在父母看来毫无意义而且绝大部分可能都不会发生的焦虑,为此他们感到很难过,也感到非常疑惑和困惑。面对无穷无尽的担心,孩子们唯一能做的就是和他们信任的人在一起,分秒也不分离。要想缓解孩子的分离焦虑。最重要的在于让孩子知道自己将会面对什么,让他们对于正在经历和即将要经历的事情都有所把握。

第6章 孩子太黏人，可能是分离焦虑的表现

恐惧并非像孩子所担心的那样轻易发生，在恐惧到来之前，孩子首先感受到的是焦虑。他们或者内心不安，或者感到身心疲惫，甚至呼吸也会因此而变得紧张急促，还有些孩子会出现身体不适，甚至产生超乎现实和自然的感觉。如此表述出来，很多父母都能够理解拥有这样的感觉到底是什么滋味，但是对于很多年幼的孩子而言，他们并不能准确意识到这些现象代表着什么。为此他们感到失去控制，无法左右自己的情绪，也不可能真正地对现实有更好的认知和理解。在这样的状态下，孩子们甚至感到自己要发疯，内心充满了恐惧。所以他们只能逃避，因为他们并不认为自己有足够的能力来战胜这些挑战，他们要和信任熟悉的人在一起，唯有如此他们的安全感才能增强，才能更加理性从容地面对一切。

很多孩子都只有留在家里或者待在父母身边，才能获得安全感。为此，他们表现出典型的分离焦虑症状。当然，也有一些孩子之所以有分离焦虑，是因为他们从出生开始就与照顾者亲密相处，他们从未分开过，孩子更是很少接触外部世界。为此，他们一旦看到陌生人或者是进入陌生的环境里，就感到非常紧张、恐惧。从本质上而言，他们没有在与照顾者分离的过程中形成独立，获得安全的感觉，反而因为恐惧而变得非常被动和无奈，也因为恐惧而使内心充满惶恐。

那些独立的、不惧怕分离的孩子，一是因为在成长的过程中经常与照顾者分离，为此知道了照顾者在短暂离开之后总会回来；二是因为在不断尝试着独立的过程中，他们对于人生有了更加深刻的理解和感悟，也变得越来越独立自主。面对有分离焦虑的孩子，很多父母会觉得不耐烦，或者索性强行与孩子分离，或者在孩子不注意的时候悄悄躲开，或者严厉斥责孩子。实际上，孩子出现分离焦虑情绪是正常的，父母要做的是想方设法告诉孩子很快就能再次和父母团聚在一起。例如，很多孩子在最初上幼儿

园的时候会觉得紧张，是因为他们没有上学的经验，还以为在上学之后就再也不能和父母相见呢。这对于父母而言只是一次普通的别离，而对于孩子而言则变成了生离死别，所以他们才会哭得那么伤心。但是大多数父母不能理解这种感受，对于孩子的哭泣他们很难接受，甚至有些父母还会对孩子不管不顾，任由孩子哭泣。也有的父母看到孩子哭得很严重，会训斥孩子。

要想减轻孩子的分离焦虑，一是要以语言和行动告诉孩子分离只是暂时的，很快就会相聚；二是要帮助孩子强大内心，让孩子意识到"即使只有我自己在场，我依然可以很安全"。这样一来，孩子才会渐渐感到安心，也才会调整好身体报警系统，不让报警系统发出错误的警告。从恐惧感的产生到分离焦虑，再到帮助孩子获得安全感，这是一个漫长的过程。

从小不黏人，长大更独立

琪琪已经3岁了，很快就要上幼儿园。但是，琪琪从小是由妈妈带大的，妈妈不上班，全职在家带琪琪，晚上也搂着琪琪睡觉，所以琪琪特别黏妈妈，不愿意和妈妈分离。一想到琪琪要上幼儿园，妈妈就感到很发愁。平日里，琪琪和妈妈形影不离，就算是有爸爸在身边，她也不能离开妈妈，这种情况能顺利地度过入园期吗？

有的时候，妈妈会带着琪琪去幼儿园附近的公园里玩，看到9月新入学的孩子哭得歇斯底里的样子，妈妈感到很心疼，决定从现在开始就锻炼琪琪的自理能力，减轻琪琪的分离焦虑。妈妈还特意咨询了幼儿心理专家。在专家的指导下，她开始循序渐进和琪琪分离。妈妈先是打电话把奶奶从

老家叫过来,让奶奶渐渐地接手照顾琪琪的工作。琪琪与奶奶见面的次数屈指可数,所以对奶奶很陌生。从一开始看到奶奶就会哭泣,到后来可以在妈妈的陪伴下和奶奶在一起,等到琪琪逐渐熟悉奶奶,妈妈对琪琪说:"琪琪,妈妈要去上班,离开一小会儿就回到你身边。"琪琪当然不愿意,奶奶让妈妈偷偷走开,但是妈妈想起偷偷消失会给孩子带来更大的不安全感,她还是狠下心来和哭得撕心裂肺的琪琪告别。如此重复了好几次之后,妈妈从很快回来,到半天才回来,再到一天才回来,琪琪再也不担心妈妈一去不返了。

有的时候,带着琪琪去超市里购物,买蔬菜瓜果的时候,妈妈还会让琪琪拿着菜独自去称重台称重。一开始,琪琪一步三回头,生怕看不到妈妈,后来她发现妈妈总是笑眯眯地站在原处等着她,就再也不害怕暂时离开妈妈身边独立去做一件事情。偶尔去亲戚朋友家做客的时候,妈妈安排琪琪和小主人一起玩耍,也会和琪琪分开,但是琪琪再也没有像以前那样歇斯底里地哭过。后来,琪琪到了入园的年纪,虽然也哭闹了几次,程度都不严重。在妈妈保证下午会来接她回家之后,她很快就会停止哭声,也很快就能和小朋友们玩成一片。

在这个事例中,妈妈从与琪琪形影不离,到在专家的指导下循序渐进地让琪琪接受分离,为此顺利地帮助琪琪度过了分离焦虑期。其实,每个孩子面对和亲人的分离都会陷入不安全感之中,作为父母,一定要引导和帮助孩子,而不要总是苛刻要求孩子,或者对孩子生气。引导和教育孩子必须要有足够的耐心,否则非但不能有效安抚孩子的情绪,还会导致孩子更加惊慌和无助。

现代社会,家家户户都只有一个孩子,父母最大的心愿就是希望孩子坚强独立,有自己的美好人生。既然如此,就不要总是抱怨和指责孩子过于依赖父母，而是要给孩子切实有效的指导，耐心引导孩子，循序渐进地促进孩子成长和发展。教育对于每一个家庭、每一个父母而言都是任重道远的头等大事，孩子的成长有其自身的规律，父母一定要端正态度，不要在教育方面急功近利。只有始终保持平静的心态对待孩子，只有始终在督促孩子成长的道路上与孩子齐头并进，以恰到好处的方式与孩子沟通和相处，亲子关系才会和谐融洽，亲子教育才会事半功倍。从小就能够渐渐独立的孩子，长大之后才能够更加强大，才能够感受到更多的幸福与快乐。

消除内心的恐慌

焦虑是一种非常复杂的情绪，由各种复杂的情绪影响才能形成，为此要想消除焦虑也是很难的。曾经有名人说，最可怕的是恐惧本身。的确，很多时候孩子并非害怕具体的事物，就是被内心的恐惧控制着，无法做出积极的反应。因为极度的恐惧，他们还会变得很恐慌，即恐惧且慌张，不知道该如何应对。为此在心理学领域有恐慌症的存在。

和各种心理问题和情绪状态相比，恐慌症是非常严重的。当孩子患有恐慌症，很多情况都会引起他们的恐慌，在现实生活中，他们随时随地都有可能受到攻击和惊吓。面对一个胆战心惊、杯弓蛇影的孩子，父母难免会觉得内心焦虑，因为他们很难把握恐慌的根源，也就无法避开导致恐慌的原因。很多时候，孩子前一刻还很平静，后一刻就会陷入恐慌之中。即使是原本非常平静的孩子，也会因为恐慌而在转瞬之间陷入歇斯底里的状态，他们不愿意去任何家以外的地方，他们不想与任何陌生人或者不想与见到的人打交道。即使是孩子自己也不知道自己为何感到恐慌，他们表现

出莫名其妙的恐慌，常常使自己和父母都感到丈二和尚摸不着头脑，而他们的情绪也变得更加焦虑愤怒。这就像是战士们在战场上面对着不知道从何处飞来的子弹内心万般无奈，找不到应该向谁发起反击。

从心理学的角度而言，恐慌的发生其实是神经系统在面对各种突发和意外情况时正在进行的训练，为发起反攻做好准备。从这个意义上来说，适度的恐惧反而能够调动人身体各方面的能力，让人集中所有的精神和意志力。然而，恐惧不但会对人的心理和情绪状态发生作用，也会对人的身体产生作用。

曾经有一个在冷库里工作的人，在下班之前因为要找一件货物而去冷库里寻找。然而，他找了很久才找到东西，等到他想要走出冷库大门的时候，才发现冷库的门被关闭了。他歇斯底里地喊叫，然而工友们都已经下班，根本没有人听到他的喊声，更没有人来救他。他觉得自己越来越冷，最终被活活冻死在冷库里。次日，工友们来上班，发现了他的尸体。让人惊讶的是，当天冷库并没有通电，也没有制冷。但是法医解剖他的尸体，发现他就是被冻死的。这是为什么呢？原来，在极度恐慌的情况下，他根本没有能力静下心来思考，也没有能力去判断冷库里的温度，被自己内心的寒冷活活冻死了。

恐惧就是具有如此强大的力量，不但影响人的心情，也会对人的身体产生影响作用。当孩子感到恐惧的时候，当孩子恐慌症发作的时候，父母一定要避免以成人的目光去看待孩子恐惧的事情，而是要理解孩子的感受，从而才能有的放矢地缓解孩子的情绪和焦虑状态。当孩子因为恐惧而发生生理反应的时候，他们一定会觉得很难受，为此父母要引导孩子认知事情的真相，也更加深入了解恐惧。这样一来，孩子至少可以减轻对于恐惧本身的恐惧，尽量让情绪可控。

接纳恐惧的存在，是避免恐慌的最好方式之一。父母还可以引导孩子设置一个恐慌的开关，这样一来，孩子在感到恐慌的时候，就可以及时制止恐慌。给恐慌按下暂停键，恐慌就会马上停止，虽然不能真正解决引起恐慌的原因，但是至少可以让孩子保持心情的平静。其实，孩子是可以控制自己、为自己做主的。现实生活中，很多父母都觉得孩子还小，觉得孩子没有能力控制情绪，其实不然。孩子是独立的生命个体，有自己的思想和意识。在最初的时候，孩子没有自我意识，而随着不断地成长，孩子会渐渐地把自己与外部世界区别开来，也会更加理性地认知自己。当然，情绪的开关并非那么容易可以找到并且可以随心所欲控制的。归根结底，恐慌是因为不可把握，当对于一切事情都有所把握，都做到心中有数，恐慌自然也就不复存在。所以孩子们要努力提升自己对于很多事情的把握，从而掌握恐慌的开关键，控制恐慌、停止恐慌。

在鲁迅先生笔下，阿Q的形象是很鲜明的，阿Q精神也为民众所熟知。其实，阿Q精神原本是带有负面作用的，而被后人衍生出更为丰富的含义，其中阿Q精神的精髓就是自我平衡。在感到恐慌的时候，孩子们也可以借鉴阿Q精神，把阿Q精神转化为自我安抚，如此一来，当恐惧的程度降低，恐慌也就不驱而散。

独立的孩子更强大

有一天，妈妈和倩倩一起去超市里玩耍。倩倩5岁了，她原本走在妈妈的身后，没想到走着走着，突然间迷路了。倩倩抬起头，找不到妈妈在哪里，着急地哭起来，一边哭一边四处走着，嘴巴里喊着"妈妈，妈妈"。

妈妈径直朝前走着，以为倩倩始终跟着自己呢，走出去很远，才发现倩倩没在身后。妈妈吓得脑海中一片空白，马上四处寻找，并且求助于超市工作人员。后来，妈妈听到广播里喊道："倩倩小朋友的妈妈请来超市广播室，倩倩在广播室等着你！"妈妈第一时间赶到广播室，把倩倩紧紧地拥抱在怀里。倩倩也哇哇大哭："妈妈，你是不是不要我了？"妈妈热泪盈眶。此后，妈妈再也不敢让倩倩离开自己半步。一年之后，倩倩升入小学，学校的生活模式和幼儿园不同，她的自理能力很差，老师经常因为倩倩的各种问题给妈妈打电话。

也许是因为倩倩曾经走丢过，所以妈妈对于倩倩特别关注和在乎，在对倩倩失而复得之后，妈妈更是亦步亦趋看着倩倩、目不转睛地盯着倩倩。对于倩倩的成长而言，妈妈这样的做法真的好吗？很多父母误以为，只有无微不至地照顾孩子，才能避免孩子受到伤害，实际上孩子不是小鸡仔，妈妈也不是老母鸡，不可能永远庇护孩子。随着孩子不断成长，他们总是要离开父母的身边，去更广阔的天地里生存，为此父母一定要了解孩子，给予孩子更多的引导和帮助，只有这样才能让孩子的独立能力越来越强，也才能让孩子的人生有更好的发展和成就。

独立的孩子才更强大，独立的孩子才有更为广阔的人生天地。每一个父母都不希望孩子遭遇分离焦虑的困扰和折磨，为此他们尽量抽出时间陪伴在孩子身边，给予孩子更多的安全感和妥帖的照顾。等到孩子有朝一日不得不离开父母的时候，却发现自己的未来变得很迷惘，对于日常生活中小小的难题也没有办法去消除和面对。从心理学的角度而言，独立是孩子的本能，就像很多一岁的孩子在学会走路之后，都会自由地到处行走、探索世界一样，他们的内心也有不断拓宽领地的需求。但是分离焦虑束缚了他们对于人生的探索，让他们在遇到很多的挫折和障碍时，总是不由自主地退缩和畏惧,总是故步自封。但是儿童分离焦虑并非是不可战胜的,不管是父母还是孩子,只要有意识地缓解分离焦虑,发挥自身的所有能力尽量采取正确的方式对待分离焦虑,就可以避免分离焦虑。当孩子真正感受到独立自主的快乐,当孩子真正离开父母去拥抱自己的生活,他们就会爱上这种自由自在、独立自主的生活状态,他们也就真正地从分离焦虑中抽身出来,成为完整的自己。

有分离焦虑的孩子一分一秒都不愿意与父母分开,哪怕是他们在高兴地与其他小朋友做游戏,也要求父母必须在一旁看着。显而易见,孩子总是要独立。正如台湾作家龙应台所说的,所谓父母子女一场,就是父母看着子女的身影渐行渐远。而如果孩子始终停留在父母的身边,他们就永远也长不大。每个人都是自己生命的主宰,都要全力以赴去驾驭生命。孩子从呱呱坠地的无知和无能,到不断成长的发展与强大,需要漫长的过程,在此过程中,父母要引导孩子,这是对于孩子最佳的帮助。记住,是引导,而不是代劳,更不是替代。因为没有人可以代替孩子去成长,不管成长的道路是顺利平坦,还是充满崎岖,孩子只能依靠自己去走完。

父母也有分离焦虑

过完年,依依就3岁了,等到9月,依依就要正式就读幼儿园小班,离开家庭和父母的照顾开始集体生活。时间飞快,眼看着半年时间过去,已经到了7月,孩子们都开始放暑假了,妈妈却发愁起来:还有两个月依依就要去上幼儿园,她还这么小,在家里有我把她照顾得好好的,到了幼儿园里应该怎么办呢?

第6章 孩子太黏人，可能是分离焦虑的表现

随着时间的流逝，依依入园的日子越来越近。有一天晚上，妈妈正在睡觉呢，突然间哭醒。爸爸也被惊醒，问："你怎么了？"妈妈哽咽着说："我梦到依依在幼儿园里被开水烫伤了……你要提醒我，我明天一大早就要问问幼儿园的老师，幼儿园里有没有开水。"爸爸不由得啼笑皆非："这些安全问题幼儿园也会特别注意的，对于他们而言安全大于天。"妈妈不以为然："有些老师自己还没有孩子呢，就要照顾那么多孩子，难免百密一疏，我们必须多多提醒老师注意孩子的安全。"爸爸无奈："但是依依现在还没有去幼儿园上学呢，你不觉得现在就和老师说这个问题太早了吗？"妈妈说："没关系，我现在说，先给老师打预防针，等到依依去上学了，我还会再次提醒老师的。"妈妈担忧的问题很多，如依依在幼儿园能不能吃饱穿暖，幼儿园的露台上有没有足够高的护栏，护栏的间隙是否够密集才能避免孩子把头卡进去，依依如果想妈妈哭了怎么办，中午午休的时候老师会给依依盖好被子、穿脱衣服吗……下半夜，妈妈彻底失眠，在焦虑中度过，根本无法入睡。

显而易见，依依还没有患上分离焦虑症呢，妈妈就先患上了分离焦虑症。的确，当自己亲手带大、亲眼看大孩子，现在要把养育工作假手于人的妈妈想到孩子就要离开自己的身边，在自己看不见的地方度过漫长的一天，心中除了不舍就是担忧。每年到了开学季节，很多父母把孩子送入幼儿园之后，狠心离开哭泣的孩子，却无法离开幼儿园的围墙。他们总是在栅栏围墙外面守候着，想要趁着孩子不注意的时候，看一眼孩子。可怜天下父母心，由此可见一斑。

作为父母，要学会舍得下孩子，否则长久地把孩子拴在自己的身边，如何能够提升孩子的自理能力，让孩子得到成长的机会呢？在自然界里，小鹿才刚出生不久，鹿妈妈就会踢着小鹿，让小鹿站起来。为了让小鹰学

会翱翔，老鹰妈妈甚至会把小鹰从悬崖上推下去，逼着小鹰只能拼命扑腾翅膀才能避免被淹死的厄运。作为父母，要想接纳与孩子的分离，就要认清楚以下几点。首先，父母总是要与孩子分离，为了让孩子接受分离，父母一定要控制好情绪，不要把紧张焦虑的情绪传染给孩子。其次，在日常生活中，父母要有意识地培养和提升孩子各方面的能力。很多孩子在上幼儿园之前从未独立穿脱过衣服，独立吃过饭，可想而知到了幼儿园里，老师要照顾那么多孩子，不可能单独给孩子喂饭，而且老师本着培养孩子自理能力的原则，也不可能像父母那样凡事都为孩子代劳。最后，大多数孩子之所以有分离焦虑，是因为他们面对陌生的环境中陌生的人和事情，找不到安全感的寄托。在这种情况下，父母可以引导孩子喜欢老师，结交小同学，这样一来去幼儿园上学对于孩子而言就会变成一件有趣的事情，对孩子充满吸引力。总而言之，父母不可能永远陪伴在孩子身边，孩子也不可能永远不离开父母。父母与孩子既要建立亲密的关系和深厚的感情，也要学会适应各自有各自的生活。唯有如此，孩子才能逐渐成长为独立的生命个体，才能有自己主宰和驾驭的人生。

科学断奶，给予孩子安全感

莉莉已经1岁了，妈妈在怀了莉莉之后就辞掉了工作，全职在家养胎，后来莉莉出生，妈妈决定要给莉莉喂奶到1岁。如今莉莉已经过完周岁，妈妈也决定结束全职妈妈的生活，恢复正常的工作。正好这个时候姥姥身体有些不舒服，所以妈妈决定回姥姥家里一趟，要离开一个星期的时间，也就借此机会让奶奶带着莉莉，给莉莉断奶。奶奶对于妈妈的想法表示支

持:"就是不能让她看到你,不然断不掉。你去娘家正合适,一则可以看看你妈妈,二则也可以离开莉莉。我一定带好她,你就放心吧!"看着奶奶拍着胸脯保证,妈妈也下定决心离开了。

在走出家门的第一步,妈妈就开始担心,生怕莉莉不能适应。好不容易挨到晚上打电话,奶奶在电话里安慰妈妈:"放心吧,莉莉很好!"然而,妈妈明显听到莉莉的哭声:"莉莉在哭吧?"奶奶说:"小孩子哭几声没关系,一会儿就好了。"妈妈又问:"她吃奶粉了吗?"奶奶说:"没事,饿几顿就吃了,早晚会吃的,你就放心吧!"晚上,妈妈睡觉睡得正香呢,接到了奶奶的电话,原来莉莉从妈妈走了之后就开始哭,声音都哭哑了,而且开始发烧。妈妈当即让弟弟驾车把自己送回家,奔波了4个多小时之后,她一回到家就把莉莉抱在怀里,莉莉咕咚咕咚地喝着奶,喝完之后满足地睡着了。这个时候,爸爸问妈妈:"给孩子断奶就断奶,你怎么还回娘家了呢?"妈妈很委屈:"不是说断奶要和孩子分开吗?"爸爸说:"你想啊,你把孩子的粮食断了,自己还无故消失,这样一来,孩子能不焦虑吗?她虽然不会说话,但是估计误以为你不要她了。""这么严重?"妈妈问爸爸。爸爸点点头,说:"断奶不是要分开,分开都是传统思想作祟。而是应该让妈妈和孩子在一起,让孩子知道她虽然不能吃奶了,但是还有妈妈呢!"让妈妈惊讶的是,莉莉在吃奶睡着之后,烧退了,看来还真是焦虑引起了她的身体反应。

妈妈又给莉莉喂了几天的奶水,等到莉莉身体恢复健康,妈妈决定搂着莉莉断奶。和以往一样,妈妈哄莉莉入睡,但是当莉莉夜里醒来想要吃奶的时候,妈妈穿着厚实的睡衣,不让莉莉接触到她的"奶瓶",而是抱着莉莉走来走去,很快莉莉哼哼唧唧之后,就因为困倦睡着了。后来,莉莉又醒过来几次,有一次哭得厉害,四处找奶吃,就改成爸爸抱着莉莉。

如此过了一个星期,莉莉每天晚上醒来的次数都在减少,一个星期之后,她终于可以一觉睡到天亮,再也不四处找她的"奶瓶"了。

很多老人都说,妈妈在给孩子断奶的时候一定要与孩子分开睡,或者在乳头上抹辣椒水、抹黑酱充当臭粑粑,总而言之目的都是吓退孩子,让孩子不再吃奶。面对年幼的孩子需要断奶,妈妈一定要这么残忍吗?科学的喂养观念提出,在断奶的时候,孩子失去了自己最依赖的"粮食",情绪一定会紧张波动,那么妈妈更是要陪伴在孩子身边,这样才能给予孩子安全感。否则,妈妈凭空消失,会让孩子陷入双重的焦虑状态之中,对孩子的情绪状态、心理健康甚至包括身体健康,都会产生很大的影响。

和传统的强迫性断奶相比,科学的断奶方式提倡在孩子断奶之前就让孩子接受各种辅食,或者是给孩子添加奶粉,从而保证孩子的正常营养摄入。此外,断奶也未必需要一次性进行,而是可以逐渐减少喂奶的次数,这样一来,孩子才能渐渐地减少对母乳的依赖,也就不会在断奶的时候反应过激。在以前,很多人家里都有好几个孩子,为此最小的孩子可以吃很长时间的母乳,等到了一定的岁数,他们也就对吃母乳不感兴趣了。当然,如今的妈妈除了要照顾家庭之外,大多数都有自己的事业,不可能把喂养母乳的时间拉得这么长。即便如此,也不要强迫性断奶,而是要给孩子做好更多的物质准备、精神准备,从而才能帮助孩子顺利过渡,让孩子健康快乐地成长。

也有些妈妈不喜欢孩子断奶,甚至因为孩子不再依赖自己而觉得怅然若失。这就是前文所说的,妈妈本身也需要"断奶",才能帮助孩子断奶。否则,如果妈妈自己对于孩子的依赖都过于浓重,又如何培养孩子的独立性呢?妈妈不可能与孩子永远在一起,母子的自然分离恰恰意味着孩子变得更加强大、更加独立,为此对于妈妈而言是一件好事情。妈妈要减

轻内心的怅然若失，从而才能帮助孩子更快速地成长和独立，也才能给予孩子更为广阔的成长和发展空间。

小测试：

1. 孩子可以离开照顾者玩耍一段时间吗？
2. 在没有照顾者在场的情况下，孩子是否愿意与其他人在一起？
3. 孩子入园之前心情是否愉悦？
4. 孩子是否一眼看不到照顾者也不会哭闹不休？
5. 日常生活中，孩子是否心情愉悦，各方面表现都很好呢？
6. 孩子是否能够战胜恐惧？
7. 孩子是否已经从不爱去变成愿意去，变成很爱去幼儿园？
8. 孩子是否从不黏着爸爸、妈妈或者其他照顾者？
9. 孩子是否能够坦然面对分离？
10. 孩子在黄昏的时候心情是否也很好？
11. 孩子起床之后是否能够拥有好心情，从来不哭闹？
12. 孩子是否能从容面对分离？

在上述问题中，孩子回答"是"的比例越高，越是意味着孩子的情绪很平和，不会非常焦虑。反之，回答"否"的比例越高，越是意味着孩子的情绪很容易陷入焦虑状态，而且常常受到焦虑等负面情绪的困扰。

第7章
广泛性焦虑,太紧张的生活让孩子更易焦虑

所谓广泛性焦虑,顾名思义就是担心的事情太多,覆盖的范围太广,为此广泛性焦虑的孩子在现实生活中很少感到快乐,而常常陷入紧张焦虑的状态之中无法自拔。如何才能缓解孩子的广泛性焦虑,从而让孩子有更好的成长表现呢?当然是要让孩子放松,只有放松,孩子才会拥有愉悦的情绪,也只有放松,孩子才会在成长过程中更加简单快乐。

如何面对无处不在的焦虑

小薇是一个6岁的女孩，和同龄人相比，她明显更加成熟、感情细腻、心思缜密，也特别懂事。爸爸妈妈经常夸赞小薇懂事，很多认识小薇的人也都觉得小薇是个难得的好孩子。然而就是这样的小薇，最近居然有抑郁的倾向，在接受心理医生的问诊之后，妈妈才得知小薇有广泛性焦虑。在此之前，妈妈从来不知道广泛性焦虑是什么，更没有意识到小薇很多听话懂事的表现都与广泛性焦虑有关。

有一次，妈妈带着小薇去同事家里做客，当时刚过完中秋节没多久，所以同事拿出一块包装精美的月饼招待小薇。小薇在得到妈妈的同意后拿起月饼，突然问出了一句让同事感到很惊讶的话："阿姨，这个月饼过期了吗？"看着同事一脸惊愕和尴尬，妈妈赶紧解释："哎呀，这个孩子！我每次带她去超市买东西，都会看一看生产日期，所以她养成习惯了！"同事哈哈大笑起来，说："这个孩子想得很细致！"还有一次，妈妈带着小薇去游乐场玩耍。其他孩子一旦到了游乐场都如同出笼的鸟儿一样欢呼雀跃，唯独小薇束手束脚，很多项目都不敢玩。在海盗船处，妈妈提议玩海盗船，小薇却说："这个海盗船荡得那么高，会不会翻过来啊？"妈妈简直无语：别人家都是妈妈担心安全问题不让孩子玩，我们家正好相反，是孩子担心安全问题不让妈妈玩。当然，过度的焦虑给小薇的生活带来很多的负面影响，她在生活中总是束手束脚，根本不能放开手脚去做很多事情。

第7章 广泛性焦虑，太紧张的生活让孩子更易焦虑

对于孩子而言，想象力丰富是一件好事情，因为他们可以发展创新能力，积极主动地展开行动，把想象变成现实，但是他们也很有可能被想象力束缚住，导致在做很多事情的时候未雨绸缪过度，变成了杞人忧天。所谓凡事都要一分为二，采取辩证唯物主义的观点去看，对于孩子过度焦虑、广泛焦虑，父母也不要总是夸赞孩子懂事。其实，孩子在每个年龄阶段都应该有与之相对应的身心发展特点，当孩子表现出不符合实际年龄的成熟，父母一定要意识到问题的发生，意识到孩子有可能是广泛性焦虑。

广泛性焦虑的孩子还特别看重别人的想法，为此别人哪怕是一句无心的话，都会导致他们内心波澜起伏，甚至郁郁寡欢。从心理学的角度进行分析，患有广泛性焦虑的孩子非常热衷于寻找恐惧、感受恐惧，当然这并非是他们主观自发的，而是被动无奈发生的。从关系的角度而言，正常焦虑的人只有在事情联系特别紧密的情况下，才会进行思维的联想，而对那些本身联系不紧密的事情，他们更愿意将其作为独立的个体去看待。广泛性焦虑者与此恰恰相反，他们会把八竿子都打不着的事情也联系到一起进行考虑，可想而知他们的内心因此弥漫着浓重的焦虑情绪。

要想有效控制广泛性焦虑，就需要对焦虑设置一个限度。俗话说，走一步看三步，谋划才能更长远。而实际上广泛性焦虑的孩子，走一步恨不得看一百步，他们不切实际地希望自己能够做到一劳永逸，不得不说这是白日做梦。因为想象力的丰富，广泛性焦虑的孩子可以把原本毫无关联的事情都联系在一起，也让自己的焦虑辐射范围变得越来越大。举个最简单的例子，有个孩子要过生日，妈妈精心为他准备了蛋糕和美食，还允许他邀请十几个同学来家里庆祝。大多数孩子得到这样的允诺都会觉得很兴奋，因为能在家里招待同学们是一件让他们觉得光彩的事情，但是广泛性焦虑的孩子在感受到短暂的喜悦之后就陷入过度的焦虑状态：蛋糕够大

吗？够吃吗？巧克力的口味能否得到同学们的喜欢？万一同学们把我家的地板踩脏怎么办？他们能否对我的生日宴会感到满意？他们过生日的时候，也会邀请我吗？我应该为他们准备什么礼物？……广泛性焦虑的孩子只需要一个引子，就能想出很多让自己感到忧愁焦虑的事情，对于他们而言，纯粹的快乐是不可奢望的礼物。

当家里有一个广泛性焦虑的孩子，父母也常常会感到无奈和痛苦。他们眼睁睁地看着孩子杞人忧天，因为很多根本不可能或者很少有可能发生的事情感到痛苦。为此，很多父母都想帮助孩子摆脱广泛性焦虑的困扰，让孩子感受他们理应拥有的幸福快乐、简单纯粹。当然，这需要非常努力才能做到。

不要总是草木皆兵

才10岁的静静一直在担心一件事情，为此她不止一次梦到妈妈死了，在从她们家通往奶奶家的桥上跳了下去，跳入了湍急的河水中。她站在桥上无奈地哭泣，内心充满了绝望，意识到自己再也没有妈妈了，她简直哭得肝肠寸断，直到从睡梦中哭醒。静静为何总是这么缺乏安全感呢？原来，她的爸爸是个酒鬼，一旦喝醉了酒就和妈妈吵架、打架，年幼的静静不止一次目睹父母争吵，为此内心深处非常崩溃。只是因为她还小，所以无法准确表达自己内心的情绪和感受而已。

有一天，妈妈反常地来接静静放学，以往都是静静自己放学回家的。静静突然生出不好的预感，问妈妈："妈妈，你来接我干嘛？"妈妈说："带你去姥姥家里。"静静马上情绪崩溃地大哭起来："妈妈，我不要去姥姥家里，我要回家。你不要和爸爸离婚，我不想让你们离婚！"妈妈不知道发生了什么事情，说："姥姥生病了，妈妈带你去看看姥姥，不是和爸爸吵架才要去姥姥家里的。"静静忍不住哽咽着："我还以为爸爸又喝酒惹你生气了呢！妈妈，你不要和爸爸离婚好不好？"经过这件事情，妈妈意识到她与爸爸在婚姻内的一次又一次争吵给静静的内心带来了创伤，对静静非常心疼。后来，她找机会把这件事情告诉了爸爸，爸爸也很后悔自己因为嗜酒给静静带来这么大的压力。爸爸努力改变，妈妈也不再在情绪冲动的时候随随便便就说离婚，渐渐地，静静的内心创伤才愈合，才获得安全感。

在这个事例中，静静的广泛性焦虑就是父母的关系不好、婚姻不幸福导致的。很多人都知道，在父母婚姻关系破裂或者濒临破裂的垂死挣扎中，受到伤害最深的就是孩子。为此，作为父母，一定不要随随便便就当着孩子的面说离婚，也许父母只是因为一时的生气才说出这样决绝的话，但是在孩子心目中却把这些话全都当真并记在了心里，这导致他们内心非常沉重，压力山大。

著名的成功学大师卡耐基曾经说过，"你所担忧的事情未必真的会发生"。曾经，有心理学家专门进行实验，他让受试者把自己所担忧和焦虑的事情都写在纸上，并且签名。等到一段时间之后，心理学家再把这些受试者集中起来，把他们曾经写满忧愁和焦虑的纸还给他们，结果事实证明，大多数受试者所担心的事情都没有发生，而只有极个别的受试者所担心的事情真的发生了，但是结果不像他们所想象的那么糟糕。实际上，就算结果像他们所想象的那么糟糕又如何呢？即使是如同排江倒海而来的焦虑，也无法改变事情的结果。既然很多事情都是不可改变的，我们与其每时每刻生活在焦虑之中，还不如端正心态，让自己学会坦然从容地面对一切。

广泛性焦虑的孩子很符合一个词语的描述，那就是"自寻烦恼"，这是因为他们所有的焦虑都是虚构出来的，都是自己在跟自己较劲。如果可以对自己的要求降低一些，如果可以对自己更加宽容和友善一些，他们的焦虑就会缓解和消除。当然，在感到焦虑的时候，就不要任由自己想象的翅膀打开，适度收敛想象力也许是最好的选择。

广泛性焦虑症的概念

张辛正在读小学三年级，和班级里其他同学的无忧无虑不同，他担心的事情很多：他担心自己考试不能取得好成绩，回家会被爸爸妈妈批评；在考试的前一个晚上因为担心自己次日会迟到而彻夜不眠，结果导致考试的时候头昏脑涨；担心自己不能与小妹妹好好相处，为此始终离小妹妹远远的；担心作业上出现错误，被老师打一个大大的叉号；担心自己在体育通关上不能达标……就连中午吃饭的时候，看到鱼肉，他也因为担心有刺而索性把鱼肉丢掉，一口都不吃。不得不说，张辛担心的事情实在太多了。正因为如此，他在生活中才如同一个套中人一样，总是小心翼翼，不能敞开手脚去做很多事情。

一开始，妈妈觉得张辛很懂事，是因为考虑全面才会这样，后来看到张辛束手束脚，就连很多简单的事情也不敢去做，不敢承担责任，又看到张辛因为总是否定和担忧自己而变得精神恍惚，这才意识到张辛的精神出了问题。妈妈带着张辛看了心理医生，这才知道张辛患有广泛性焦虑症。

人活着，的确要面对很多危险，但是这些危险未必会真的发生，或者即便发生，也不能因噎废食，更不能因为要躲避危险就放弃做很多事情，否则人生就会变得空白。在上述事例中，张辛显然对潜在的威胁和恐惧过于敏感了，这就给张辛拉响了假警报。在这种情况下，张辛的忧愁和焦虑与日俱增，根本无法做好更多的事情。广泛性焦虑有一个特别明显的特点，那就是它会常态化，成为生活的一种模式，为此很多患有广泛性焦虑症的孩子都无法意识到焦虑的存在，也就不可能有的放矢地缓解焦虑。广泛性焦虑症还特别敏感，很多患有广泛性焦虑症的孩子未必真的遭遇了多少不如意，相反，他们的生活有可能很美好，只是因为他们不知足，也无法控制内心的恐惧，所以才会导致广泛性焦虑的发生。

在对广泛性焦虑有了初步的了解之后，我们不妨再从专业性角度对于广泛性焦虑进行理解，相信这样的理解会更加深刻，也会对我们起到有效的作用。所谓广泛性焦虑，第一个特点就是失去控制，而且已经超过了正常的限度。为此患有广泛性焦虑的人总是草木皆兵，任何无关紧要的事情都能引起焦虑，为此他们常常会陷入焦虑状态之中无法自拔，也会因为想象力的无限生发而变得很紧张，甚至无法遏制那些糟糕的念头从自己的心中冒出来。当孩子患有广泛性焦虑的时候，他们就会担心每一件事情，而且对于所有事情都设想了最糟糕的结果。为此患有广泛性焦虑症的孩子往往也伴随有神经衰弱的症状，因为他们思虑过多，而且没有办法缓解自己的紧张和抑郁。过度的焦虑还会给他们的身体健康带来困扰，他们常常失眠，甚至感到头痛，这一切都是焦虑在作怪。

人的时间和精力是有限的，对于人生中经历的那些事情，我们根本不可能事无巨细、事必躬亲地去做，我们更不可能把每一件事情都做到完美。遗憾的是，广泛性焦虑症的孩子以为自己能够做到，为此他们总是过度追求完美，总是苛刻要求自己，不允许自己犯任何错误。长期让自己的神经处于紧绷的状态，他们受到更严重的焦虑折磨，所以每一个患有广泛性焦虑症的孩子一旦被确诊，至少需要半年的时间才能缓解自己的焦虑症状。所谓病来如山倒，病去如抽丝，用在广泛性焦虑症孩子身上同样适用。

为何会有广泛性焦虑呢

小米已经6岁了，刚刚升入小学一年级。小米的生日是8月底，所以她在班级里算是年纪比较小的。这让小米占据劣势，在学习上很吃力，与人相处也总是会被嫌弃幼稚。渐渐地，小米变得越来越焦虑。

有一天，妈妈准备送小米去学校，小米突然哭起来，吞吞吐吐地告诉妈妈："妈妈，我肚子疼！"妈妈很奇怪："你还没吃早饭呢，怎么一大早就肚子疼呢？"妈妈详细问小米到底是哪里疼，小米一会儿指着这里，一会儿指着那里，妈妈意识到问题的所在，反问小米："要是疼得厉害，咱们就去打针，好不好？"小米迟疑了片刻，说："现在好像没有那么疼了。"在去上学的路上，小米一直哭哭啼啼，妈妈忍不住问小米："小米，你到底怎么了？"小米说："我昨天的作业写得不好，我怕老师会骂我。"妈妈安抚小米："没关系，小朋友们都刚刚开始学习写字，老师看到你有进步就会高兴的。"又过了一会儿，小米说："昨天我和同桌吵架了，不知道他今天会不会揍我，他一定很讨厌我！"妈妈说："你的同桌早就忘记这件事情了，只要你高高兴兴的，他就会喜欢你的。"小米还是在说："我昨天把汤洒到地上了，今天有可能就不被允许喝汤了……"妈妈问小米："小米，你为什么担心这么多事情呢？"小米说："我就是害怕，我觉得一切都糟糕透了……"

第 7 章　广泛性焦虑，太紧张的生活让孩子更易焦虑

面对有广泛性焦虑症的小米，妈妈也不知道该怎么办了！在一个正常人心中，尤其是在爸爸妈妈的心中，孩子患有广泛性焦虑症，为那些根本不值得担忧的事情担忧，根本就是无法容忍的，也是不可理喻的。而实际上孩子的情绪不会无缘无故地波动，只要父母有耐心，真正关心孩子，在投入大量的时间和精力观察孩子之后，就会从孩子的情绪表现背后找出真正的原因。

实际上，广泛性焦虑还有遗传性，在患有广泛性焦虑的孩子之中，有35%以上的孩子是因为遗传因素而患上广泛性焦虑症的。此外，当孩子稚嫩的心灵接受太多的刺激，也会增加患上广泛性焦虑的概率。作为父母在帮助孩子摆脱广泛性焦虑的困扰时，一定要从各个方面着手努力，这样才能马到成功、解决问题。

广泛性焦虑名副其实，似乎辐射生活面很广，而且诱发广泛性焦虑的因素也特别多，无法准确界定。尤其是在广泛性焦虑已经形成的情况下，哪怕是一件不值一提的小事情，也会导致广泛性焦虑发生。对于已经患上广泛性焦虑症的孩子而言，他们对于任何事情都有可能发生反应，不仅是不好的事情，哪怕是好的事情，或者是日常生活中的小事情，也会导致他们的焦虑越来越严重。试想一下，当孩子稚嫩的心灵每时每刻都受到焦虑的困扰、都会被焦虑煎熬时，这对于他们而言是多么可怕的事情啊。近些年来，孩子自杀的事件时有发生，他们之中有初中生、高中生、大学生，甚至还有小学生。在原本应该茁壮成长的年纪里，为何孩子会选择以自杀的方式结束生命呢？只有一种解释，那就是对于他们而言活着变成了沉重的负担，变成了他们无法面对的现实，所以他们才以这样决绝的方式去逃避。

如何战胜广泛性焦虑

凡事都要防患于未然才能取得最好的结果，但是对于已经患有广泛性焦虑症的孩子而言，很小的因素就会诱使他们的广泛性焦虑症爆发。这样看来，如果生活中充满了诱使广泛性焦虑爆发的因素，那么战胜广泛性焦虑就会很难。的确，战胜广泛性焦虑难度很大，但是这并不意味着没有可能。只要掌握正确的方式方法，只要父母怀着对孩子的爱深入了解孩子，真正地俯下身来陪伴孩子一起成长，广泛性焦虑还是可以有效控制和真正战胜的。

通常，焦虑都有原因，它可能是一个人、一件事情或者是一个没有得到满足的心愿。但是广泛性焦虑的诱发因素太多，这就像是一个孩子对于很多物质都过敏一样，为此要想避开这些生活中无处不在的过敏原就会显得很困难，甚至都无法查出孩子到底对哪些物质过敏。而有些孩子则只对一件东西过敏，如有的孩子青霉素过敏，那么在使用药物的时候避开青霉素即可；有的孩子对鸡蛋过敏，就要避免吃蛋白质高的食物。但是如果孩子对很多药物都过敏，医生就无法下药；如果孩子吃什么都过敏，就没法下口去吃。为此，我们可以反其道而行，可以调整思路，看看孩子可以吃哪些东西、用哪些药物，从而界定孩子在怎样的生活范围内是安全的。

首先，孩子要有坚定不移战胜广泛性焦虑的心。很多孩子被焦虑困扰，给自己和父母都带来了很多的烦恼，父母也难免很焦躁，对于孩子渐渐地失去了耐心。越是在这样的时刻里，父母越是要与孩子齐心协力战胜困难，也越是要坚定不移地站在孩子身边，给孩子鼓舞和力量，帮助孩子变得更加强大。

其次，要改变那些消极悲观的想法，让自己在面对人生中的很多问题

时，从消极地思考问题改为积极地思考问题，所谓心若改变，世界也随之改变，也许问题并没有变，但是孩子们只要调整好心态，积极地看待和思考问题，很多问题就会迎刃而解。

再次，和很多负面情绪一样，孩子越是与它们对抗，它们就越是变本加厉，焦虑情绪也是如此。为此父母要引导孩子接纳自己的情绪，不要总是与自己较劲，而是要在接纳和悦纳自身以及情绪的基础上，给自己一段时间肆意享受焦虑，无所作为地与焦虑和平共处。也许已经习惯了与焦虑抗争的你，在这样与焦虑相处的过程中，会变得心情平静、内心祥和。这就像医疗领域中对于癌症难关的攻克一样，一味地企图杀死癌细胞并非是明智的举动，更应该与癌细胞和谐共处，才能长存。否则，只做杀敌一千，自损八百的事情，是得不偿失的。

最后，发挥父母的积极作用，给孩子树立榜样。很多孩子之所以被焦虑困扰，而且在思考任何问题的时候都很悲观，就是因为受到父母潜移默化的影响。作为父母，在面对生活中的很多难题时，一定要给孩子正面的疏导，而不要口无遮拦地在孩子面前什么都说，结果导致孩子对于生活越来越无奈和被动。父母是孩子的第一任老师，也是孩子最好的老师，所谓身教大于言传，当父母不管何时面对生活都表现出积极乐观，孩子无形中就会受到影响，也变得积极和乐观。至于那些生活中糟糕的事情，不管是悲观还是乐观，都要坦然面对，因为这是一个唯物主义的世界，很多事情并不会完全按照我们的心意去发展。既然如此，为何不放松一些呢？正如一句网红语所说的：既然哭着也是一天，笑着也是一天，为何不笑着度过人生中的每一天呢？不但父母要有这样的心态，还要把这种乐观豁达的心态传输给孩子，让孩子可以远离广泛性焦虑。

总而言之，战胜广泛性焦虑，就是要勇敢面对，绝不畏缩。任何时候，逃避都不能解决问题，只有调整好心态从容应对，才能真正战胜焦虑，才能从焦虑中抽身出来。当然，父母对于孩子的引导应该是持久的，而且要以身作则，给孩子树立好的榜样，这样对孩子的教育和引导才会事半功倍。

克服杞人忧天的心理

小杰是一个特别紧张和敏感的孩子，对于人生中的很多事情，他总是莫名其妙地感到担忧。有的时候，妈妈觉得小杰的担心是无稽之谈，但是小杰却对此很固执，不愿意改变想法。

一天傍晚，妈妈下班回到家里正在做饭呢，小杰突然气喘吁吁地跑到家里。妈妈还以为发生了什么事情呢，没想到小杰告诉妈妈："妈妈，咱们家门外设立了一个公交站点，公交车到了这个站点就要拐弯，我担心如果哪一天有辆公交车忘记拐弯了，直接冲过来，一定会把咱家的墙撞坏的，那车子会不会直接开到我的床上啊！"听到小杰的奇思妙想，妈妈简直无语了，她嗔怪地看了小杰一眼，说："公交车开得很慢，而且到站之前会减速，怎么可能撞到咱家的房子呢！你呀，有这个心思去操心学习吧，别为这些不可能发生的事情操心，好不好？"

晚上，妈妈做了一条糖醋鱼。小杰只顾着吃青菜，不想吃鱼，妈妈问小杰："小杰，吃鱼补脑子，妈妈专门给你做的鱼，你怎么不吃呢？"小杰说："鱼肉里有很多刺，我担心会被鱼刺卡到，那岂不是要去医院让医生用镊子才能取出来么！天色都这么晚了，我可不想跑医院。"妈妈啼笑皆非："爸爸已经吃了半条鱼了，也没有被鱼刺卡到，你吃鱼肉的时候小心一些，就可以把鱼刺剔出来啊！"小杰还是坚决不吃鱼。次日，妈妈考虑到小杰不吃鱼，就买了一些虾，准备做给小杰吃。然而，妈妈在清洗虾的时候，手不小心被虾刺扎到。小杰很担心，哭着问妈妈："妈妈，你会不会死啊，我在一个新闻上看一个人被鱼鳍扎到，当天就死了。"妈妈知道小杰说的新闻，因而赶紧向小杰保证："妈妈一旦觉得不舒服就赶紧去医院，现在你拿点儿酒精过来给妈妈消毒，好不好？"因为这件事情，小杰夜晚还哭着醒来了一次。

小杰是很细心的，为此他对于生活中的很多事情都非常敏感，也很担忧。然而，小杰的担忧超过了正常的限度，这使得他从未雨绸缪，变成了杞人忧天，也使得他在生活中被广泛性焦虑困扰，变得非常无奈。作为父母，在看到孩子表现出过度的焦虑状态时，一定要向孩子解释清楚如何预防糟糕情况的发生，这样孩子才能对于很多问题表示放心，也才能对于很多事情有更好的处理和对待。

金无足赤、人无完人，有谁能够面面俱到，把每一件事情都做得非常好呢？父母不能，孩子也不能，既然如此，就要学会接受不完美，就要想方设法寻求内心的平衡，这样才能有的放矢地解决问题，也才能收获人生的幸福与快乐。

人生固然需要未雨绸缪，把很多事情都想到前面，但是却不是把每一件事情都想到前面，做到一劳永逸，因为这是根本不可能实现的。孩子在每个年龄段都会表现出相应的心理特点、感情特点和情绪特点，作为父母不要奢望孩子过于懂事，否则就相当于剥夺了孩子享受纯粹快乐的权利。孩子总有一天会长大，承担起人生中的喜怒哀乐，最重要的就是给予孩子足够的空间让他们自由地成长，明智的父母更不会揠苗助长。

改变广泛性焦虑的思维方式

有一天，妈妈和米奇一起去逛街，一路上，米奇总是心神不宁，不停地回头张望。妈妈好奇地问："米奇，你到底在干什么呢？"米奇说："我总觉得有人在跟踪我们。"其实，早在一个星期前米奇就产生了这种奇怪的、被跟踪的感觉，为此爸爸特意请假在暗处跟着米奇好几天，结果发现一切正常，只是米奇的担忧在捣鬼而已。如今，米奇和妈妈一起出门，还是觉得有人在跟踪自己，这到底是怎么回事呢？

妈妈决定在暗处和米奇分开，然后跟在米奇身后观察情况。这下子，米奇更紧张了，索性站在原地不走，看着与她保持一段距离的妈妈。妈妈示意她走，她却奔跑到妈妈身边，说："妈妈，万一你一眼没看到我，我走丢了怎么办？"妈妈很无奈："我和你一起走，你说有人跟踪，我要一探究竟，你又怕我把你弄丢了，我也不知道怎么办才好了。"米奇和妈妈继续手挽着手朝前走去，但是她还是很紧张。

真的有人跟踪米奇吗？想一想就会知道，跟踪米奇的人没有任何目的，而且爸爸也已经亲自观察过米奇身后的情况，但是米奇就是无法放松下来。通常情况下，对于广泛性焦虑症患者，越是有人劝说他们要放松，他们就越是紧张；越是有人劝说他们踏实，他们就越是忐忑。在这样的过程中，他们变得非常被动，也特别无奈，甚至还会把紧张焦虑的情绪传递给身边的人。就像事例中的米奇在一直坚持说有人跟踪之后，妈妈也变得很紧张，不知道如何解决问题。实际上生活中并没有那些莫须有的罪恶，只要内心坦然从容，孩子就可以应付生活中的很多情况，而不必让自己提心吊胆，无处可逃。

患有广泛性焦虑症的孩子，他们的思维方式与大多数孩子的思维方式

都是不同的。这是因为他们对于危险和恐惧特别敏感，甚至还会在潜意识的驱使下主动去发掘和寻找危险与恐惧的因素。举例而言，大多数孩子都是神经大条的，他们对于有可能发生的危险怀着不以为然的态度，要在父母的反复提醒和叮嘱下才能意识到危险的存在。但是广泛性焦虑症孩子则不同，他们用于过滤危险的筛子很细密，所以导致有些危险因素被父母过滤掉了，但是他们却对此产生了强烈的反应。为此，哪怕是父母不以为然的事情，他们也牢固地记在心中，不愿意解除警报。

难道孩子们对于他们表现出的特别细心没有感觉吗？当然不是。他们也会觉察到自己对于很多事情都会表现出不合时宜的担心，也会觉得自己不停地提醒父母各种事情是很让人厌烦的，但是他们不知道如何改变这一切，为此只能在担惊受怕、提心吊胆的状态下战战兢兢地度日。

小测试：

1. 孩子是对某一件严重的事情感到恐惧，还是对每件事情都感到恐惧？
2. 孩子不能控制好自己的情绪，还是可以成为情绪的主宰？
3. 孩子会因为一件小事情而发怒吗，还是会劝说自己那没有什么大不了的？
4. 孩子会因为坏习惯而失控吗，还是会努力管理好自己，让自己更加理性呢？
5. 面对那些无法改变的事情，孩子是歇斯底里地发作，还是会竭尽全力去接受呢？
6. 当外部世界不可改变的时候，孩子是固执己见，还是努力调整自己以适应外部世界呢？

7. 当面对不如意，孩子是情绪爆发，还是尽量平静地接受局面，解决问题？

8. 孩子的情绪状态是越来越糟糕，还是越来越好？

在这些选项中，前一个选项意味着孩子的情绪状态很糟糕，有广泛性焦虑的趋势，后一个选项则意味着孩子的自控能力在不断增强，他们渐渐地可以驾驭和主宰自己的情绪，为此可以渐渐地管理广泛性焦虑。

第8章
儿童睡眠焦虑,失眠并不是成人的专属

很多父母误以为只有成人才会有睡眠障碍,如失眠、多梦等,实际上,睡眠对每个人都是平等的,和成人一样,孩子也常常会感受到睡眠焦虑,甚至被噩梦困扰,被失眠纠缠。为此,父母在关注孩子的生理需求时,要更加关注孩子的睡眠状态,当然睡眠状态和孩子的情绪状态也是密切相关的,毕竟孩子不是机器,不可能按一下按钮就关机,也不可能再按一下按钮就启动。只有身心健康、情绪愉悦的孩子,才能拥有优质的睡眠。

孩子为何害怕黑夜

每天晚上，家里都要进行大战，别想错了，这可不是因为学习而引发的大战，毕竟安妮才4岁，还没有那么多的作业需要完成呢！这场发生在妈妈和安妮之间的大战，是关于睡眠的战争。因为早晨还要起床上幼儿园，也为了保障安妮的睡眠时间，妈妈要求安妮每天晚上都要8点洗漱，8点半准时入睡。因为妈妈坚信孩子不但要吃得好，还要睡得饱，这样才能长身体，提升智力。但是，安妮就是不愿意去睡觉。虽然她亲口答应妈妈10分钟之后洗漱上床，但是她已经推迟了3个10分钟，还是不愿意去洗漱睡觉。

眼看着妈妈和安妮之间的这场战争旷日持久，无休无止，爸爸不由得感到厌烦，说："总是不愿意睡觉，再这样爸爸妈妈就不要你了！"安妮哇哇大哭起来，妈妈责怪爸爸说话口不择言，爸爸责怪妈妈对付小孩子都没有办法。安妮一边哭泣一边洗漱结束躺到床上，其实她已经很困倦了，为此到了床上泪痕还没有干呢，就睡着了。但是，她在睡眠中很不安稳，时不时地就会醒来，有一次还哭着大声喊妈妈。无奈，妈妈只好把安妮搂在怀里睡觉。感受着安妮的柔软和无助，妈妈心中对安妮充满了疼惜。

网络上流行的段子里，很多都是关于和孩子进行学习大战的，然而这里我们所要说的是关于孩子的睡眠问题。人类的本能就是恐惧黑暗，所

以当孩子表现出对黑暗的恐惧时，父母不要训斥孩子，也不要对孩子不耐烦，而是要理解孩子内心深处对于黑暗的恐惧。越是年幼的孩子越是不知道浓重黑暗的真相和本质，又因为他们的想象力天马行空，所以在思维加工之下，他们对于黑暗充满了无穷的想象。有的孩子觉得黑暗里有怪物，有的孩子觉得黑暗里有大灰狼，也有的孩子觉得黑暗就是死亡。父母如果不能对孩子的心理状态有深刻的洞察和理解，往往会误解孩子胆小，甚至批评孩子。这样的做法除了加重孩子的焦虑情绪，使得孩子在勉强入睡之后也惊恐不安之外，根本无法对孩子起到有效的安抚作用。

有些孩子喜欢睡觉之前听故事，因为孩子无法区分故事的真假，所以对那些童话故事也会信以为真。例如在听了《小红帽》的故事之后，他们梦见自己被大灰狼吃掉，这当然会让他们非常恐惧，从梦中惊醒。为此，父母不要总是强迫孩子入睡，而是要了解孩子的内心，知道孩子为何会害怕黑暗，害怕睡觉，这样才能解开孩子心底的恐惧疙瘩，也才能让孩子心情平静地安然入睡。如果孩子在黑暗中不敢睁开眼睛，父母也可以关灯、开灯的方式让孩子意识到黑暗中并没有什么，有的只是和白天里一样的一切。这样一来，孩子就会感到心安。

当然，为了让孩子拥有好睡眠，在孩子入睡之前，父母还要避免和孩子进行各种过激的游戏和活动。否则，孩子会觉得很兴奋，睡意全无，也会把最后在游戏中呈现的亢奋状态带入睡眠之中，导致睡眠不安稳。吃饭和睡觉对于孩子都很重要，很多父母只重视孩子吃饭，而不重视培养孩子良好的就寝习惯，保证孩子的优质充足睡眠，结果导致孩子的生长发育不良。吃饱睡足，孩子才能身体健康，也才能心情愉悦。

帮助孩子摆脱噩梦

4岁的甜甜已经开始独立入睡了,一开始当然很不顺利,她很想继续赖在爸爸妈妈的床上,挤在爸爸妈妈中间,感受双倍的温暖和陪伴。但是妈妈坚持认为孩子独立入睡很重要,会让孩子受益一生,为此在甜甜4岁半的时候不管不顾爸爸提出让甜甜一起睡到5岁的建议,坚决为甜甜购置了可爱的公主床,还给甜甜买了粉粉的四件套。甜甜看到这些东西非常喜欢,也表示愿意独立入睡。

甜甜有个优点,那就是不怕黑。所以在妈妈为她打开故事光碟、打开夜灯之后,她就安安静静、一本正经地躺在床上,等着瞌睡神的到来。大概10点钟,妈妈去看甜甜,发现甜甜已经睡着了,感到非常高兴。妈妈也回到卧室踏踏实实睡觉,睡意才刚刚袭来,就听到甜甜的哭声。妈妈马上从床上爬起来,连鞋子都来不及穿,就跑到甜甜的卧室里。甜甜为什么哭泣呢?妈妈来不及问,赶紧抱着甜甜进行安抚,甜甜很快又进入了梦乡。次日清晨醒来,甜甜主动告诉妈妈:"妈妈,我昨天晚上做了个梦。"妈妈假装惊讶的样子:"真的吗?做了什么梦呢?"甜甜说:"我梦见我被大灰狼吃到肚子里,再也看不到妈妈了。"说着,甜甜的眼眶又红了。妈妈安抚甜甜:"甜甜,小红帽被大灰狼吃掉,是因为她生活在童话里。咱们家里没有大灰狼,爸爸妈妈把门窗都关好了,大灰狼进不来,而且爸爸妈妈住在靠近门口的地方,大灰狼如果来了,爸爸会把大灰狼打死的。"甜甜问:"爸爸用什么打死大灰狼呢?"妈妈想了想,似乎没有太好的工具,又不能说用刀子,只好说:"我们不是有金箍棒么,爸爸会用金箍棒把大灰狼打死的。"

当天晚上再睡觉的时候,妈妈特意给甜甜换了一个故事光碟。果然,

甜甜没有再梦到大灰狼。

甜甜之所以会被噩梦困扰，是因为她在入睡之前听了《小红帽》的故事，也知道大灰狼是会吃掉小朋友的。又因为她第一次独立入睡，内心还是很紧张的，所以就梦到自己也被大灰狼吃掉了。在睡梦里，她并不知道那是在做梦，为此非常恐惧，大哭起来。很多孩子都会受到噩梦的困扰，尤其是对三四岁的孩子而言，他们还无法区分想象和现实，为此常常会把想象和现实搞混。对于处于特定年龄阶段的孩子出现的特别表现，父母要了解孩子的身心发展特点，也要有的放矢地引导孩子，帮助孩子缓解紧张情绪。

孩子的心灵是稚嫩的，很多父母都会站在成人的角度看待孩子，却不知道孩子的思维方式和成人根本不同，也有一些父母总是把孩子当成成人去沟通，而忽略了孩子内心深处的纯真。父母一定要全方位呵护孩子，对于孩子在睡眠中出现的各种异常表现都要观察到，都要慎重对待。所谓解铃还须系铃人，只有找到导致孩子惧怕黑暗的根本原因，孩子才能安然享受睡眠。当然，为了给孩子营造良好的入眠环境，父母还可以给孩子播放轻柔的音乐，或者是挑选一些比较美好的故事讲给孩子听，这样一来，相信可以把孩子的噩梦变成美梦，也会让孩子热情地拥抱睡眠，接纳睡眠。如果孩子需要陪伴，父母可以坐在孩子身边安静地陪伴孩子，切勿和孩子一起睡着，否则不利于帮助孩子养成独立入眠的好习惯。正确的方法是陪伴孩子，在孩子还没有正式睡着的时候离开他的身边，让他渐渐地适应独自入睡，也才能拥有香甜的睡眠。

如何缓解睡眠焦虑

这一个晚上，爸爸妈妈都成了熊猫眼，因为安迪整个晚上都在折腾。他才5岁，就受到失眠的困扰，也许是因为下午睡得太多了。总而言之，他睡不着觉，就不停地喊爸爸妈妈，不停地提出各种要求，诸如要小便、要拉臭臭、肚子饿了等。这样的一个夜晚注定是黑白颠倒的，爸爸妈妈简直要崩溃。爸爸几次忍不住要发火，都被妈妈压制下来。妈妈问爸爸："想想你自己失眠的时候有多么难受，你就会理解孩子。"的确，对于任何人而言，如果在黑夜降临的时候不能入睡，而只是瞪着眼睛到天亮，那一定是非常可怕的感受和体验。

孩子为何会失眠呢？很多父母误以为，孩子根本不会失眠，应该是头一沾到枕头就能睡着的。实际上，很多原因都会诱发孩子失眠，如到了陌生的环境里、入睡之前精神太过亢奋等，都会让孩子失去睡意。有些孩子白天睡觉睡得太多了，也会扰乱生物钟，导致晚上到了该睡觉的时候迟迟没有睡意，反而很清醒。为此，当孩子失眠而陷入焦虑的时候，父母一定不要责怪或者呵斥孩子，而是要找到孩子失眠的真正原因，这样才能有的放矢地解决问题。

也有些父母感到困惑：失眠不就是睡不着觉吗？怎么还与焦虑扯上关系了呢？这么说的父母本身一定没有受到过失眠的困扰，先恭喜您有健康优质的睡眠，接下来要告诉您的是，任何一个人如果在其他人都呼呼大睡的时候，独自瞪着眼睛等待天亮，他一定是会备受煎熬的，焦虑也就因此而产生。随着时钟嘀嘀嗒嗒向前，他的焦虑也会不断地加深。人人都有这样的体验，即在身体状态良好和心情愉悦的情况下，时间总是过得飞快，而如果在身体不舒服或者心情特别糟糕的情况下，时间却就像静止了一样

使人觉得难熬。虽然时间的流逝是绝对的，但是每个人却因为不同的感受而产生对于时间的不同感觉，这一点即使对于孩子也同样存在。为此，只有端正心态，理清楚时间和睡眠之间的关系，也理清楚睡眠和焦虑之间的关系，我们才能帮孩子缓解焦虑。

你可曾有过一觉到天亮的感觉？很多人在睡梦中被焦虑侵袭，做各种噩梦，等到从噩梦中惊醒的时候，才发现时间只过去了1小时，不由得抱怨夜晚怎么这么长呢？有的人头一沾枕头就睡着，等到再次睁开眼睛的时候，觉得时间只过去了一瞬间，但是太阳已经照着屁股了。这就是好睡眠的神奇魔力，让人对于时间的流逝无知无觉，让人在深度睡眠的状态中恢复精力。

睡眠是为了让大脑停止运转，甚至连梦也不做，所以人们都说没有梦的睡眠才是好的睡眠。与睡眠的作用恰恰相反，焦虑则会让大脑始终保持紧张的运转状态，使大脑得不到休息，变得非常疲惫。由此可见，睡眠与焦虑原本是相互对立的矛盾关系，可想而知当孩子在黑暗中被矛盾撕扯，而又因为在寂静的夜里一切声音都显得那么清晰的时候，他们的神经绷得有多么紧，他们的思维又在无声地狂欢，刺激大脑进行更加激烈的运转和紧张的思维活动。不管是对于成人还是对于孩子而言，失眠都不是使人愉快的体验。作为父母，当发现孩子有失眠的表现，又非常焦虑的时候，一定要及时安抚孩子的情绪，不要让孩子面对失眠焦虑的时候孤军奋战。为孩子准备一张舒适的床，给孩子一盏光线柔和的睡眠专用灯，精心为孩子挑选故事或者柔和的音乐，父母要尽最大的力量助力孩子的好睡眠。当孩子安然入睡，不被噩梦困扰，他们的睡眠焦虑也就会烟消云散，不复存在。当孩子吃得饱、喝得好而且睡得舒服的时候，他们的心情也会变得愉悦，他们的成长会更加充满动力。

让孩子形成良好的睡眠方式

好睡眠的获得不仅仅依赖于外部的条件和因素，也不仅仅取决于孩子是否感到困倦或者是否愿意入眠，与睡眠方式之间也有着密切的关系。很多孩子睡眠方式不好，睡眠质量不佳，导致父母也跟着孩子一夜之间醒来好几次，彼此都疲惫不堪、困倦不已。而当孩子形成良好的睡眠习惯，掌握合适的睡眠方式，孩子睡得好，父母也睡得好。当然，一旦孩子养成了不好的睡眠习惯，要想戒掉坏习惯，形成好习惯，则是很难的。父母要想帮助孩子形成良好的睡眠方式，就要有足够的耐心，因为这不是一件一蹴而就的事情，必须付出长期的辛苦和努力，才能在循序渐进的过程中渐渐地收获成果。

新生儿从呱呱坠地开始就面临睡眠问题，这比很多父母误以为的孩子长大之后才会面临睡眠困扰提前了很长一段时间。因此，父母对于孩子的睡眠问题要及早重视，从孩子出生之后就留心培养孩子良好的睡眠习惯。曾经有心理学家经过研究发现，如果孩子在刚刚出生的几个月里受到睡眠问题的困扰，那么他们在成长过程中受到睡眠问题困扰的概率远远比那些出生之后睡眠状态良好的孩子更高。看到这里，一定有很多父母会感到担心：我的孩子从出生就睡眠不好，闹觉，以后一定会被睡眠问题困扰吗？其实也没有那么绝对的关系，或者说孩子已经长大且出现了睡眠问题，只要及时改进睡眠方式，还是可以亡羊补牢，让孩子拥有好睡眠的。

有很多父母都遭遇过孩子闹觉，会意识到让孩子安然入睡、独立入睡简直难于上青天。很多婴儿在入睡前不停地吃母乳，每当妈妈想要起身离开的时候，他们马上惊醒，这让妈妈不堪重负，疲惫不已。实际上，父母只需要陪伴孩子入睡，而不需要对孩子做出什么事情，这样才能帮助孩

子养成独立入睡的好习惯。也有的父母对孩子极其不耐烦，不愿意安静地陪伴孩子入睡，那么当孩子在紧张焦虑和对黑暗的恐惧之中入睡之后再次醒来的时候，一定会哭得歇斯底里，必须在父母的再次安抚下才能入睡。反之，那些第一次入睡的时候有父母陪伴、内心充满安全感的孩子，则在睡醒之后会进行自我安抚，不需要父母就能再次入睡。由此可见，父母是给孩子安全感的重要来源，父母一定要尽量呵护和陪伴孩子，这样才能让孩子情绪愉悦，也给予孩子更强大的力量面对成长。相信看到这里，很多父母一定会感到困惑：前文说不让陪着孩子入睡的啊？的确，父母要陪伴孩子，却不是陪睡孩子，在孩子清醒的时候陪在孩子身边，哪怕什么话都不说，也会让孩子感到安全，而在孩子真正入睡之前离开，让孩子独立入睡，这么做的父母可以一举两得，既能够给予孩子安全感，也可以让孩子更独立。

很多父母总是一厢情愿地把孩子想象得很弱小，觉得孩子什么事情都不能去做，而且也做不好，殊不知，孩子的能量超出父母的想象。只要父母信任孩子，激发孩子的潜能，孩子就可以变得更加强大起来，有让父母刮目相看的表现。在西方国家，很多父母从孩子出生，就让孩子独自在一个房间里睡觉。而在中国，大多数孩子出生之后都是和父母同床，单独睡一张床的孩子都很少，这也是很多孩子都不够独立的原因。

要想让孩子一夜好眠，就要在孩子睡觉之前做好准备工作。布置适宜入眠的氛围和环境这一点无须多言，还可以通过让孩子喝牛奶等方式促进孩子进入睡眠状态。一定要远离那些会让孩子兴奋的食品和饮料，如茶水、咖啡、巧克力以及碳酸饮料等。这些食物和饮料中含有的咖啡因都会让孩子的睡眠焦虑更加严重，加重孩子的失眠状态。当然，父母也要把握好合适的限度，为孩子做睡眠准备最好在自然状态下，不要过度紧张和如临大敌，否则就会把这样的紧张情绪传染给孩子，使孩子无法保持平静。当然，对于年幼的孩子而言，熟悉的环境会让他们更安全，所以孩子入睡的地点不适宜来回地变动，以固定的地方为佳。否则孩子在一觉醒来之后会有"不知置身何处"的感觉，这会让他们感到迷惘和焦虑，有些孩子还会莫名其妙地哭泣很久。实际上，这只是因为他们睁开眼睛的时候没有看到熟悉的一切。

当然，父母作为最了解孩子的人，应该还会想出更好的方式方法助力孩子的睡眠，而不要照搬教科书，更不要迷信所谓专家学者的意见。自己的孩子自己最熟悉、最了解，也最关切，那么就让父母发挥对孩子的爱，给予孩子的成长最好的陪伴吧！好的睡眠，让孩子健康成长，好的睡眠方式更是让孩子受益一生。好习惯要从小培养，作为父母一定要对孩子有耐心，引导和帮助孩子拥有好睡眠！

让故事陪伴孩子快乐入睡

最近，小娜总是睡不着觉，妈妈虽然认真观察，但是还没有发现让小娜排斥和抗拒黑暗、睡眠的原因，为此觉得很无奈。有一天中午，小娜正在听故事，不知不觉就睡着了，妈妈突然想道：也许讲故事可以帮助小娜更好地入睡。当天晚上，妈妈就亲自捧着绘本给小娜讲故事，一开始小娜瞪大眼睛听得很兴奋，渐渐地眼皮就开始发沉，等到妈妈拿着绘本离开之后，小娜很快就睡着了。发现了这个好方法之后，妈妈屡试不爽，由此就养成了每天晚上讲故事陪伴小娜睡觉的习惯。

然而，皮特的爸爸就没有这么幸运了。最近，皮特妈妈在出差，皮特

爸爸每天晚上都负责给皮特洗漱，陪着皮特睡觉。但是，皮特就像是不需要睡眠的小鱼一样，始终把眼睛瞪大，不愿意闭上眼睛睡觉。有几次，爸爸都已经躺在皮特身边酣然入睡了，皮特还是生龙活虎。真不知道皮特和爸爸到底是谁在陪谁睡觉。

很多父母在哄娃睡觉的时候都会面临这样的困境，即父母已经困得睁不开眼睛，但是孩子却一个比一个更加生龙活虎，似乎根本不会感到困倦。这让父母感到非常困惑：孩子哪里来的这么多精力呢？的确如此，孩子除了晚上睡觉的时候可以安安静静躺着，在白天的时间里，只要身体舒服，他们就会不停地动来动去。当孩子不想动弹的时候，他们往往是生病了。为此父母的心态也很矛盾，一方面希望孩子能够老老实实待着，另一方面又希望孩子不要生病，身体健康，精力充沛。其实，每当夜晚到来的时候，不是孩子不知疲倦，而是因为他们的兴奋劲头还没有过去，需要缓冲的时间才能从精神抖擞过渡到心情平和，从而酝酿睡意。

为何讲故事对于孩子有这么好的助眠作用呢？是因为孩子从理智上知道自己应该睡觉了，但是在大脑中依然有焦虑情绪存在，为此他们的身体和神经都处于亢奋状态。如果直接要求孩子必须保持平静，孩子一定无法做到，但是听故事恰恰需要孩子静下心来，专注于父母此刻正在讲的故事，为此他们很快就会恢复平静，紧绷的神经也会放松下来，从而顺利进入睡眠状态，这就是讲故事的神奇所在，所以才会有那么多的父母都热衷于以讲故事的方式帮助孩子入睡。当然，讲故事作为屡试不爽的哄娃神器，每次都会发挥强大的作用，让孩子快速入眠，不愧为哄孩子入睡的撒手锏。

需要注意的是，父母在选择给孩子讲什么故事的时候，是要有考量的。有些故事非常暴力，情节激烈，会导致孩子更加兴奋，让孩子的神经紧绷。要选择那些节奏舒缓、语言优美的故事，孩子才能在听故事的过程中放松下来。此外，睡前故事不要长篇累牍，否则孩子还没有听完一个故事就睡着了，会在潜意识里惦记着故事的结尾，也会导致睡眠不安稳。正确的做法是要选择篇幅适中的故事，这样孩子可以听到完整的故事，内心会觉得圆满。当孩子被睡眠焦虑困扰的时候，明智的爸爸妈妈可不要偷懒哦，赶紧捧起故事书，成为孩子睡觉前最优秀的故事大使吧！

孩子的睡眠焦虑有哪些具体表现

面对孩子入睡前的"无理取闹"，很多父母都会感到困惑和无奈，这是因为相比其他焦虑更容易识别，睡眠焦虑带有很大的虚伪性。这使得大多数父母在孩子表现出抗拒入睡的行为时，根本无从判断孩子是真的在拖延入睡的时间，还是被睡眠焦虑困扰，因而迟迟不肯进入睡眠状态。实际上，只要掌握了孩子睡眠焦虑的常见表现，父母就可以有效甄别孩子出现睡眠障碍的根本原因，从而根据原因帮助孩子，指引孩子更加投入地享受睡眠。

对于睡眠焦虑，很多父母都持有不以为然的态度，觉得孩子就是睡不着，不困，等到真的困倦了就会睡着。实际上，睡眠焦虑带给孩子的负面影响很大，有些孩子长期被失眠困扰，还会患上严重的焦虑症和抑郁症。在白天里，当孩子被焦虑困扰的时候，他很容易就能转移自己的注意力，但是在寂静无声的暗夜里，其他人都睡着了，只有孩子瞪大眼睛无法入睡，为此他们内心会更加紧张焦虑，也缺乏可以有效分散注意力的方式。孩子越是把所有的注意力都集中到睡眠焦虑上，睡眠焦虑就会越发严重。为此，父母一定要及时关注孩子的睡眠状态，也要了解孩子的睡眠焦虑有哪些表现，从而才能帮助孩子缓解焦虑症状。

第一种，觉得黑暗中隐藏着怪兽或者其他不可知的可怕东西。孩子的语言表达能力有限，尤其是三四岁的孩子无法准确区分想象和现实，为此常常会把想象和现实搞混。在面对黑暗的时候，他们又有本能的恐惧，再加上从故事中听到一些稀奇古怪的事情，把这些因素糅合在一起，孩子就会特别恐惧。为此，他们不敢在黑暗中睁开眼睛，或者拒绝父母把房间里的灯关掉。这是孩子对于黑暗的恐惧与天马行空的想象混在一起的睡眠焦虑表现。

第二种，很多孩子不敢独自入睡。有些孩子已经十几岁了，还是要和爸爸妈妈一起睡，或者至少和爸爸或者妈妈一起睡。一旦他们独自躺在床上，独自在一个房间里，他们就无法控制内心深处的紧张和恐惧，也有很多孩子在负面情绪的驱使下半夜爬起来去父母的床上接着睡。其实，孩子之所以出现这样的情况，很重要的一个原因是父母陪伴他们的时间太长，导致他们错过了最佳的分房睡觉的时间，对于父母产生了无法摆脱的依赖。这对于培养孩子的独立性没有任何好处，还会导致孩子胆小怯懦。

第三种，有些孩子会非常紧张，尤其是受到睡眠焦虑困扰的孩子，常常会莫名其妙地紧张、恐惧，有的孩子还会做出过激的举动。不得不说，这是情绪紧张和焦虑到一定程度后，孩子才会做出的行为表现。一旦发现孩子有异常表现，父母一定要及时观察孩子的各个方面，从而有效地帮助和引导孩子。

第四种，也是大多数睡眠焦虑孩子的常见表现，就是不愿意上床睡觉，找各种借口拖延自己上床睡觉的时间，甚至还会因此而撒谎。这个表现识别度最低，因为当孩子拖延睡觉的时候，也会做出相同的举动。所以父母在判断孩子为何不愿意入睡的时候，还可以结合其他的原因对孩子的真正睡眠障碍进行分析。

第五种，识别度最高，即失眠噩梦。当孩子出现失眠、做噩梦等情况时，毋庸置疑，他们一定是在被睡眠焦虑困扰。而且，他们的睡眠焦虑还很严重，所以才会影响他们正常的睡眠状态和行为表现。当孩子长期睡眠不佳，他们的身体健康也会受到损害和威胁。

当然，未必每个孩子的睡眠焦虑表现都会符合上述五条。每个孩子都是这个世界上独立的生命个体，父母作为孩子在成长阶段最亲密的人，除了要关注孩子的吃喝拉撒等生理需求外，还要关注孩子的情绪情感和心理状态。唯有全方位关注和照顾孩子，真正地给予孩子切实有效的帮助，孩子才能拥有好睡眠，也才能健康快乐地成长！

小测试：

1. 5岁以上的孩子可以独立入睡吗？
2. 孩子能够保持愉悦的心情进入睡眠状态吗？
3. 孩子从未出现过失眠的状态吗？
4. 孩子从未受到过噩梦的困扰吗？
5. 孩子可以一觉睡到天亮吗？
6. 孩子能够回忆起自己的梦境吗？
7. 孩子喜欢听爸爸妈妈讲故事吗？
8. 孩子丝毫也不害怕黑暗吗？
9. 孩子每天洗漱上床的时候很积极吗？
10. 孩子在半夜醒来之后可以独自再次入睡吗？

在上述这些问题中，"是"的回答越多，说明孩子的睡眠状态越好，"否"的回答越多，说明孩子对于睡眠的焦虑状态越是严重，那么父母就要关注孩子的睡眠状态，从而采取适宜的措施辅助孩子顺利入眠。

第 9 章
郁郁寡欢的孩子，可能是患上了儿童抑郁症

每当孩子郁郁寡欢的时候，如果不是因为某件特别的事情发生让他们心情低落，而是时常表现出这个样子，那么父母就要特别关注孩子，尤其要留心孩子抑郁的表现。很多父母误以为只有成人才会患上抑郁症，而无忧无虑的孩子理应快乐、幸福，而实际上孩子也有可能患上儿童抑郁症，为此父母一定要时刻关注孩子的身心健康，及时给予孩子全方位的帮助和引导。

孩子也会患上抑郁症

马蒂从小就和姥姥在一起生活，直至到了入学年龄，父母才把他接到身边。马蒂一下子离开了姥姥，对姥姥非常想念，妈妈承诺到了寒假就会带着他一起回家看望姥姥，这才缓解了他对姥姥的思念。然而，天有不测风云，人有旦夕祸福，就在马蒂日盼夜盼即将要放暑假的时候，却突然传来噩耗：姥姥因为一场车祸离开了人世。姥姥的离世给了马蒂沉重的打击，他不只一次抱怨爸爸妈妈为何要把他带离姥姥的身边，甚至觉得如果自己不离开姥姥，姥姥就不会发生意外。渐渐地，他的精神越来越恍惚，而且很排斥和抗拒与父母沟通。

妈妈很担心马蒂的精神状况，还向爸爸提出是否应该带马蒂去看心理医生。爸爸安慰妈妈："没关系的，马蒂和姥姥感情深厚，姥姥去世对他打击很大，他需要一段时间去接受。"有一天，马蒂还拐弯抹角问起妈妈天堂在哪里，人为什么要去天堂。次日，妈妈就接到学校老师打来的电话，说马蒂从学校操场上的围栏上掉下来，导致腿部骨折。妈妈心中的不好预感终于得到应验，她火速赶往学校带着马蒂去医院，并且不顾爸爸的劝阻陪伴马蒂一起去看心理医生。经过心理医生的一番详细诊断，马蒂被诊断为患上了重度抑郁症，而且对姥姥的思念使他非常焦虑不安，无法控制自己的情绪和感受。

显而易见，爸爸妈妈尽管知道姥姥去世给马蒂带来的打击，却没有想

第 9 章　郁郁寡欢的孩子，可能是患上了儿童抑郁症

到这个打击对于马蒂而言是这么沉重和无法承受。直到马蒂做出这样危险的事情，爸爸妈妈才知道问题的严重性，也才意识到马蒂的情绪健康的确出现了严重的问题。相信在爸爸妈妈对于马蒂的情绪问题日益重视之后，马蒂在爸爸妈妈的照顾和引导下，会渐渐地走出感情的困境，会带着姥姥对他的爱更加努力认真地生活下去。

抑郁症难道只是成人的专利吗？其实不然，孩子也会患上儿童抑郁症。近些年来，随着抑郁症患者自杀的事件越来越频繁地发生，更多的人开始关注抑郁症，但是他们误以为只有成人才会患上抑郁症，而忽略了孩子虽然还小，但是也会被抑郁情绪困扰。曾经有机构进行统计发现，在15~35岁的青少年和青年群体中，死亡原因中占比最高的是自杀。这不由得让人扼腕叹息，在大好的青春年华，为什么他们不珍惜生命，反而要这样死去呢？从心理学的角度而言，大多数选择自杀的人都有程度不同的抑郁症，所以他们才会失去对生存的希望和兴趣，选择了结束生命这条决绝且无法挽回的道路。

抑郁症并不是成人的专利，儿童也会患上抑郁症。之所以父母对于孩子的抑郁症表现会忽视，是因为大多数孩子的语言表达能力有限，而且也因为情感发展不成熟，情绪表达不完善，再加上孩子很容易因为各种事情而转移注意力，所以他们的抑郁症表现时断时续，并不像成人抑郁表现那么明显。此外，也有很多父母头脑中根本没有"孩子也会患抑郁症"这根弦，他们觉得孩子有吃有喝，生活无忧无虑，是没有资格和权利患上抑郁症的，为此从主观角度上就否定了儿童抑郁症。曾经，人们也认为成人抑郁症是无中生有，是自寻烦恼，后来随着抑郁症患者的生命安全受到严重伤害，他们才意识到抑郁症的严重危害。如今，作为父母，也急需转变观念，慎重认知和对待儿童抑郁症，从而才能给予孩子更全面的关注和更周到的照顾。

了解孩子抑郁的表现

马蒂患上了中度抑郁症,这让爸爸妈妈都非常担心,他们很想帮助马蒂,但是又不敢轻举妄动,生怕触动了马蒂的负面情绪。他们还想起心理医生的叮嘱:尽量减少刺激马蒂,给他带来快乐的感受,让他感觉到父母的爱,避免他产生轻生厌世的想法。

在接受心理医生的诊断之前,妈妈对于马蒂的反常表现并不完全了解,也没有及时发现。现在知道马蒂患上了中度抑郁症,再来看马蒂的各种表现,妈妈觉得的确很符合抑郁症患者的行为举止。例如这个周末,最喜欢和小伙伴们一起玩球的马蒂就没有出门,而是一个人呆呆地坐在房间里,看着窗外。其实,马蒂上个周末也没有出门,当时妈妈很庆幸,因为马蒂一旦出去玩球就会浑身脏兮兮地回来,妈妈认为这样留在家里安静一下反而是好事情。但是现在看着马蒂,妈妈只有担心,妈妈多么希望他可以和以前一样出去和小伙伴们玩球。妈妈委婉地对马蒂说:"马蒂,妈妈要去超市采购,你可以陪着妈妈一起去吗?因为我要买的东西很多,我想你可以帮我。"马蒂头也不回,说:"不去!"妈妈很无奈,又问:"那么你想吃什么东西,妈妈可以给你买!"马蒂还是头也不回:"什么也不想吃。"妈妈不知道该如何是好,只得走出马蒂的房间。

过了一会儿,爸爸又来和马蒂沟通:"马蒂,今天天气很好,我们约上你的几个小伙伴,一起去山上宿营和野餐,好吗?""不好,不好,不好!"马蒂的情绪突然糟糕起来,他站起来,转身走到爸爸身边,把爸爸推到房间门外:"我只想一个人待着。"面对马蒂的不礼貌,爸爸原本想发火,但是想到马蒂此刻正在承受着的痛苦,他选择了忍耐。

马蒂的表现是典型的抑郁症表现,即对一切事情都不感兴趣,对于美

食也丝毫没有欲望，只想一个人待着，不愿意与人打交道。这样看来，马蒂很像患上了自闭症，实际上马蒂只是抑郁症，和自闭症没有任何关系。他只是觉得很厌倦，没有兴趣而已。当然，很多父母并非专业的心理领域研究学者，为此他们常常会把自闭症与抑郁症搞混，尤其是当这两种心理疾病的症状表现出共同点的时候，他们更是无法准确区分。没关系，心理专家为我们指出了儿童抑郁症的五个方面的典型表现，父母只要掌握了这五种典型表现，就可以更加细致地观察孩子的表现，给予孩子更好的帮助和对待。

第一，患有儿童抑郁症的孩子，身体上会出现明显不适，如食欲降低，体重减轻，头昏脑涨，便秘，整个人都很疲惫和乏力等。这些症状都不是无缘无故出现的，在看到孩子的改变之后，父母要当即深入观察和了解孩子，才能及时把握孩子的情况，才能有的放矢地帮助孩子。

第二，孩子们在身体发生反应后，情绪上也会陷入波动状态。他们或者情绪很消沉低落，或者马上变得特别亢奋，或者敏感自卑，或者心中充满疑虑，甚至有些孩子还会产生负罪感，不管事情的责任是否需要他们承担，他们都会指责和否定自己，这样一来，他们的情绪状态陷入负面循环之中。

第三，孩子的思维模式也会发生改变。患有儿童抑郁症的孩子很难专注地去做很多事情，甚至对于他们原本很感兴趣的游戏，或者是动画片，他们也会失去兴致继续参与。他们的理解能力和记忆能力都会相应下降，甚至有些孩子还会出现幻觉，无法区分清楚幻觉、想象与现实之间的关系。

第四，孩子的行为会发生改变。心态的变化、思维模式的改变、情绪的波动，理所当然会导致孩子的行为发生改变。当孩子莫名其妙地哭泣，当原本性情温和的孩子变得具有攻击性，当孩子伤害自己和他人，父母要留意他们的情绪状态和变化，从而才能有效地帮助孩子，给予孩子最好的情绪引导和疏导。

第五，人际关系随之发生变化。患有儿童抑郁症的孩子会刻意逃避人际相处，他们渐渐地疏远了原本关系亲密的好朋友，也会和父母之间频繁地发生矛盾和争吵，还会乱发脾气，不愿意见到陌生人或者接触陌生的事物。他们就像是一头受伤的小兽一样，只想把自己隐藏起来，只想独自舔舐伤口，他们拒绝别人的帮助和亲近，也不愿意帮助和亲近别人。

上述这五个方面的表现，是抑郁症孩子典型的异常情绪和心理状态、异常行为的表现。作为父母，要想照顾好孩子，抚育孩子健康快乐地成长，除了要关注孩子的吃喝拉撒等基本生理需求之外，还要了解孩子的情绪和感情状态，洞察孩子的心理出现了怎样的变化，以及孩子需要得到怎样的帮助。只有积极帮助和引导孩子，孩子才能健康快乐地成长，才能走出抑郁的困扰，拥有充实美好的童年。

不要当着孩子的面说郁闷

最近，爸爸的单位正在精简人员，为此已经在单位工作了十几年的爸爸也有可能失去工作。虽然事情还没有最终定论，但是爸爸已经听到了风声，为此他整日唉声叹气。每到吃饭的时候，爸爸就会和妈妈说起下岗的事情，商量如果真的下岗，以后要如何维持生活。有的时候，妈妈还会安慰爸爸："没关系，失去了这份如同鸡肋的工作，说不定会有更好的发展呢！"有的时候，已经习惯了在单位里上班的爸爸，也会感到很迷茫，就会对妈妈说："仔细想想，简直太郁闷了，我都在单位工作十几年了，

第9章 郁郁寡欢的孩子，可能是患上了儿童抑郁症

从大学毕业到现在人到中年，把最美好的青春年华都给了单位，却落得这样的下场，真是让人心寒。"有一次，爸爸因为心中苦闷，喝醉了，还说"活着真没意思"。这些话，爸爸妈妈在说的时候从未避开马波。渐渐地，马波也变得很消极。

期末考试，马波的成绩有了很大的下滑，老师不明原因，特意把爸爸妈妈叫到学校当面沟通。老师问爸爸妈妈家里最近是否发生了什么事情，爸爸妈妈都说没有，但是马波成绩下滑是事实，他们向老师保证等回到家里，一定会认真询问马波。爸爸恨铁不成钢，批评马波不认真学习，马波却漫不经心地说："好好学习又怎么样，考上大学找到工作，也难逃下岗的厄运。"爸爸这才知道原来马波是受到他下岗的影响。想到自己曾经说过的那些话，爸爸觉得很懊悔，为此在马波面前弥补："孩子，有本事走到哪里都不愁饭吃。爸爸要是当初认真学习，掌握更多技能，就不会被辞退，或者哪怕被辞退了，也很容易找到更好的工作。但是爸爸回不去了，不可能再回到像你这么大的样子，所以爸爸无法改变过去，只能尽量弥补。你大概知道，爸爸还专门报名参加了培训班呢，就是想多学一门技能。"马波恍然大悟。

孩子的理解能力有限，又因为他们非常信任和依赖父母，所以对于父母所说的很多话，他们都会无形中记在心里，也会受到父母潜移默化的影响。为此明智的父母一定不要当着孩子的面说那些丧气话，更不要随随便便就放弃，否则就会给孩子带来消极的影响，也会导致孩子变得消极失落，不愿意继续努力奋进。

人生不如意十之八九，作为父母首先要端正面对人生的态度，不要奢望人生总是一帆风顺、顺遂如意的。每个人在面对人生的过程中都会经历各种坎坷挫折和磨难，最重要的在于一定要不抛弃，不放弃，始终在人生之中昂扬向上，始终在面对人生的过程中努力奋进，这才最重要的，也才是真正的强者姿态。正如海明威笔下的《老人与海》中的桑迪亚哥老人一样，他可以被打倒，就是不会被打败。正是因为如此，他才能以渺小的人类力量屹立在漫无边际的大海中，才能始终都很坚强。

人们常说，父母是孩子的第一任老师，也是孩子最好的老师，这是因为父母始终在与孩子朝夕相处，始终都给孩子最直观的印象。为此，要想做好父母，一定要谨言慎行，切勿口无遮拦当着孩子的面说各种丧气话、郁闷话，更不要因此而给孩子造成不好的印象和影响。细心的人会发现，在父母积极乐观的家庭里，孩子也往往很积极乐观，能够正确面对生命中的很多挫折和磨难而不放弃。反之，如果父母悲观失望，导致家庭氛围很糟糕，则孩子也会悲观消极，遇到小小的困难就会退缩，而根本无法做到迎难而上。为此，父母要为孩子树立好的榜样，才能给予孩子积极的影响和正面的帮助。

多接触阳光，忧郁就会被驱散

可乐3岁了，最近夜里闹腾得特别厉害，搅和得爸爸妈妈夜里都睡不好觉，上班的时候都困倦得睁不开眼睛。为此，他们只好把奶奶从老家接过来，让奶奶帮忙带一段时间可乐。让爸爸妈妈惊讶的是，自从奶奶来了之后，可乐夜里睡觉就安稳多了，为此爸爸还和奶奶开玩笑："妈，看来可乐是想你了！要不，怎么你一来，她就偃旗息鼓了呢！"细心的妈妈发现可乐变得黑了，问奶奶："妈，您最近白天是不是都带可乐出去？"奶奶得意地回答："当然。我们每天和你们上班一样，你们上班出门，我们等到太阳露头就出门,带着小板凳和水,还有面包,去太阳地里玩去。"妈妈沉吟道:"难怪我觉得可乐变黑了呢!要是太阳太毒,您别带她在外面太久,晒个把小时就回来。"奶奶不以为然:"孩子黑一点怕什么,健康才是最重要的。你没见孩子晒太阳之后,睡眠都变得好了嘛!"妈妈无奈:"难道晒太阳还能治病吗?"

这个偶然出现的想法激发了妈妈的灵感,妈妈上网查阅了相关的资料,居然发现晒太阳不但能补钙,还能治疗抑郁症呢!难道此前可乐是因为总是闷在家里,才会导致心情抑郁或者缺钙哭闹的吗?妈妈带着可乐检查微量元素,发现可乐真的有些缺钙,而且还带着可乐去咨询了心理医生,心理医生对妈妈说:"孩子需要多晒太阳,才能健康快乐,阳光可以补钙,也可以驱散抑郁,是孩子成长中不可缺少的养料。"

冬天的时候,日照时间比较短,为此孩子晒太阳的时间也相应减少,尤其是很多照顾孩子的人没有意识到孩子需要长时间晒太阳,还因为天气冷而减少了孩子在户外活动的时间。殊不知,孩子缺少阳光照射,体内的"松果体"腺体就会活跃,分泌出大量激素,导致身体内甲状腺素的浓度和细胞的活跃程度发生改变。这样一来,孩子当然会感到内心抑郁。孩子控制情绪的能力还很差,不会像成人一样掩饰,而是把一切都表现在行动上。年幼的孩子就会哭闹,大一些的孩子则抑郁寡欢。为此父母一定要全方位关注和照顾孩子,不但要满足孩子的生理和心理需求,也不要忘记带着孩子接受充足的阳光照射。

很多父母都知道孩子照射阳光少会影响长高,为此盲目给孩子补充钙质。殊不知,如今市面上的很多补充钙质的制剂都含有维生素D,而当孩子摄入大量维生素D的时候,会引起维生素D中毒,也会导致心情不好、食欲减退、情绪狂躁等。为此,越是到了寒冷的冬季,父母越是要合理安排孩子户外活动、接受阳光照射的时间,而不要总是限制和减少孩子的户外活动。好身体和好心情都是晒出来的,父母不要吝啬给孩子晒太阳,孩子才能健康快乐地成长。

帮助孩子缓解和消除压力

每天,佩佩3点钟放学,3点半回到家里,马上就要开足马力完成学校的作业,这是因为她只有两个小时完成学校的作业。在吃完晚饭之后,她6点半要准时开始完成课外作业。即便如此争分夺秒,她也要到9点半才能完成课外作业,而抓紧时间洗漱之后,赶在10点钟上床睡觉。对于佩佩完整的一套程式化表现,妈妈感到很满意,经常向人夸赞佩佩学习很主动,不需要父母盯着。

有一天,妈妈正在上班呢,接到学校老师的电话,说佩佩突然晕倒了。"为什么会晕倒呢?"妈妈很紧张,赶紧向领导请假赶到学校去。到了学校,佩佩已经在医务室里喝了两支葡萄糖,清醒了过来。看着虚弱的佩佩,妈妈紧张地问校医:"孩子为何会晕倒?"校医说:"学校里医疗条件有限,建议您带孩子去医院进行全面检查,查明原因。"就这样,妈妈带着佩佩在医院里进行了全面检查,事实证明佩佩的身体一切正常。但是,佩佩还是经常说头晕,在体检医生的建议下,妈妈又带着佩佩去看了神经科的医生。神经科医生第一时间就询问了佩佩的学习安排和生活规律,得知佩佩每天的学习生活那么紧张,而且睡眠状态也不是很好,医生忍不住责怪妈妈:"孩子才上三年级,你觉得有必要搞得和初高中的孩子一样紧张吗?肯定是有神经衰弱,所以才会头晕的。""神经衰弱?这不

都是年纪大的人才会得的病吗?"妈妈问医生。医生说:"神经衰弱不分年龄,最重要的是保持心情愉悦,不要总是紧张焦虑,否则孩子也照样会得神经衰弱,甚至会得抑郁症。孩子已经出现了睡眠焦虑,说明她的压力很大,已经影响到她的情绪。你一定要引起重视,帮助孩子消除压力,而不要一味地强压孩子,否则等到发展成抑郁症,再想改善就很难了。"

在医生的郑重告示下,妈妈意识到问题的严重性,回到家里,妈妈把佩佩的9个课外班删减到4个,而且再也不给佩佩布置那么多的课外作业了。佩佩晚上有了可以自由安排和支配的时间,或者画画,或者看课外书,过得不亦乐乎,精神也越来越放松,睡眠状态也越来越好,再也不说头晕了。

在人世间,很多事情都要建立在健康的身体之上,正如人们常说的,健康的身体是1,其他的一切都是0。如果没有健康的身体,有再多的0又有什么意义呢?作为父母,在教养孩子的过程中,切勿本末倒置,而是要以孩子的身心健康为重,在此基础上督促孩子学习和进步,这样孩子才会取得更加长远的发展和更好的成长。父母要记住,孩子不是学习的机器,而是有血有肉的小生命。父母也不要因为对孩子付出很多,就觉得自己可以主宰孩子的人生。孩子是独立的生命个体,父母可以引导孩子,却不能命令孩子;父母可以帮助孩子,却不要完全取代孩子。只有端正心态,摆正位置,父母与孩子才能更好地相处,也才能保证孩子健康快乐地成长。

现代社会,很多成人都觉得自己压力山大,是因为他们不但要照顾家庭,养育孩子,还要承担任务繁重的工作。为此,父母总是觉得自己为孩子付出了太多,无形中对于孩子的期望也就变得更高。每当孩子觉得学习很辛苦的时候,父母还会指责孩子:"你有什么辛苦的,不就是学习么,又不需要为生计发愁,每天有吃有喝的,多么幸福啊!"的确,仅从表面看起来，孩子的确是无忧无虑，应该感到满足的，但是实际上，孩子也承受着巨大的压力。尤其是在如今大多数父母都陷入焦虑状态的今天，父母总是望子成龙，望女成凤，无形中就把压力转嫁到了孩子身上。很多孩子才两三岁，就被父母安排上各种培训班和补习班，美其名曰全面发展，实际上父母的功利心很强。一旦进入小学阶段，每当到了考试之前，父母甚至比孩子更加紧张和如临大敌，弄得孩子根本无法以平常心对待考试。为此，父母要想帮助孩子缓解和消除压力，首先要对孩子的学习怀有端正的态度，而不要觉得孩子学习是天经地义的，就给孩子各种压力。

很多孩子之所以患有抑郁症，就是因为压力太大。然而，孩子还很小，身体和心灵都很稚嫩，他们既无法准确表达压力和抑郁情绪，也无法排遣压力，缓解焦虑情绪。又因为父母的忽略和轻视，所以当孩子因为压力山大、抑郁严重而做出各种过激举动的时候，父母往往追悔莫及。真正合格的父母不但会照顾好孩子的吃喝拉撒，满足孩子的生理和心理需求，更是会关注孩子的情绪和情感状态，给予孩子更有效的帮助和指引。作为父母，最大的成功不是培养出多么优秀和出类拔萃的孩子，而是培养出健康、快乐、热爱生命的孩子。

父母离异带给孩子的伤害很大

爸爸妈妈离婚给果果带来的伤害很大，年幼的她面对法官的提问"选择和爸爸一起生活，还是选择和妈妈一起生活"，还没有回答呢，就为难地以泪眼看着爸爸妈妈，最终"哇啦"一声哭出来。看着这一幕，妈妈也心酸落泪，但是她不想把果果给爸爸，因为她不想让果果和后妈在一起。

那一刻，妈妈很想放手，不想让孩子面对如此残忍的选择，但是她咬牙坚持着，暗自决定等到一切事情过去就会好好地弥补果果。

最终，果果选择和妈妈在一起，她说："我想要爸爸，也想要妈妈。如果一定要让我选，我选择和妈妈在一起，因为我不想让妈妈一个人太孤单，爸爸还有阿姨和小弟弟呢！"就这样，果果和妈妈一起生活，但是妈妈明显感觉到果果变得不快乐。以前的果果特别爱笑，不管做什么事情都始终笑眯眯的，充满乐趣，但是如今的她却常常沉默，也会盯着书桌上摆着的爸爸的照片发呆、失神。每当这时，妈妈就恨透了前夫，就是因为他婚内出轨，薄情寡义，才导致孩子这么痛苦。有的时候，妈妈也会在果果面前诅咒爸爸，果果的眼神马上就会黯淡下来，可惜妈妈没有注意到。有一天夜里，果果突然发烧，妈妈一边背着果果朝着医院走去，一边诅咒那个男人。果果忍不住哭起来，对妈妈说："妈妈，不要再骂爸爸了，如果你觉得我是累赘，我就跟着爸爸也行。我会让着后妈，不会和后妈吵架的，你放心吧。"听到果果这句话，妈妈猛然醒悟：这么多次，我残忍地当着果果的面咒骂她的爸爸，都像是在她的心上插上一把刀啊！妈妈赶紧安抚果果："果果，妈妈爱你，怎么会觉得你累赘呢！妈妈保证，以后再也不骂爸爸，咱们娘俩好好过，好吗？"懂事的果果擦掉眼泪，要求下来自己走，她知道妈妈已经很累了。

父母离婚，尤其是还因为各种不可调和的矛盾而对薄公堂，必然会给孩子造成很大的伤害。记得在古时候，有两个农妇争夺孩子，谁也不愿意撒手，眼见着尚且在襁褓之中的婴儿吓得哇哇大哭，负责判案的县官居然说："你们俩抢夺吧，谁的力气大，抢到孩子，谁就是孩子的亲妈。"有个农妇力大如牛，当即使劲抢夺婴儿，而另一个农妇则哭着放开了婴儿。这个时候，县官说："把孩子交给那个妇人，她的力气不是没有你大，而是因为她是孩子的亲生母亲，所以她不忍心抢夺孩子，她怕伤害了孩子。"这样的审判让人们心服口服。在上述事例中，面对着不愿意放弃抚养权的爸爸和妈妈，果果没有这样的好运气，只好在法庭上艰难做出选择。

不得不说，妈妈虽然是为了果果好，但是却没有从感情上更好地照顾果果。如愿以偿得到果果的抚养权之后，她总是当着果果的面抱怨她的爸爸，咒骂她的爸爸，可想而知果果还小，对于感情根本没有明确概念，为此她心中对爸爸只有不舍，而没有怨恨。妈妈这样的做法更加重了婚姻破裂给果果带来的伤害，让果果觉得很难接受，无法面对。幸好果果说出了自己的心声，让妈妈及时意识到自己的问题，也可以及时改正。

婚姻的破裂，对于孩子的伤害是最大的，因为没有感情的夫妻谁离开了谁都会过得不错，唯独孩子，不管是选择和爸爸一起生活还是选择和妈妈一起生活，都会失去自己挚爱的另一方。所以对于孩子而言，婚姻破裂的伤害是最大的。作为父母，不管因为什么原因选择分开，如果没有孩子当然可以随心所欲，但是如果有了孩子，就要首先考虑如何把对孩子的伤害降至最低，本着对孩子负责的态度选择最适宜的方式解决问题。

要想减轻离异对孩子的严重影响，除了要在办理离婚手续的过程中尽量和平解决问题之外，还要处理好孩子与对方的相处问题。有些夫妻离异之后彼此憎恶，为此禁止孩子与对方见面，殊不知，这是不被法律允许的，也是剥夺了孩子理应拥有的父爱或者母爱。只有父母和平分手，分手之后也能针对关于孩子的问题友好协商，才能处理好关于孩子的抚养问题，也才能把对孩子的伤害降到最低。

小测试：孩子是否患上了儿童抑郁障碍呢

1. 孩子精神很差，做什么事情都提不起精神来。

2. 孩子情绪消极，总是很悲观，内心常常被失望、绝望等负面情绪困扰。

3. 孩子长时间地保持沉默，不愿意张口说话，不愿意与父母沟通和交流。

4. 孩子的胃口很差，对于美食也提不起兴趣，体重有所减轻。

5. 孩子不愿意亲近同龄人，喜欢一个人待着，不知道在想些什么。

6. 孩子常常会哭泣，并没有明确的原因，似乎无缘无故。

7. 孩子不愿意上学，厌学情绪很浓重，而且还找借口、撒谎，找各种理由逃避上学。

8. 孩子常常觉得腹部疼痛，又说不清楚原因。

9. 孩子只想待在家里，不想去外面玩。

10. 孩子很少开怀大笑，总是很沉默。

11. 孩子不喜欢和父母亲近，也不喜欢接受同龄人的关心和陪伴。

12. 孩子的情绪越来越暴躁，焦虑感很严重，不管遇到的事情是否值得生气，都会勃然大怒、大发雷霆。

13. 孩子对于很多事情都充满抱怨，对于父母缺乏感恩之心。

14. 孩子的妒忌心理很强，每当看到有其他孩子表现比他们更优秀和突出时，他们就会非常嫉妒。

15. 孩子无法敞开胸怀接纳这个世界，而总是因为微不足道的小事情就耿耿于怀。

16. 孩子从不认为自己是个受到欢迎的人，而觉得身边的人都充满了恶意。

17. 孩子无法集中注意力做好该做的事情，常常会失去正常的生活与学习节奏。

18. 孩子的记忆力突然严重下降，对于原本可以轻松记住的很多事情和学习方面的内容，都会遗忘。

19. 孩子总是否定和批评自己，哪怕对原本不属于自己责任范围的事情，也会感到沮丧失落。

20. 孩子总觉得自己被他人排斥和拒绝，为此在人际交往中落落寡欢，显得非常孤独和无奈。

上述这些症状，都是孩子患上儿童抑郁症的表现，当孩子的行为表现符合上述各条越多，也就越意味着孩子已经被抑郁情绪困扰，已经陷入了抑郁的怪圈之中无法自拔。为此，父母一定要用心观察，从而才能及时对孩子采取一定的措施，给予孩子适宜的帮助，从而带领孩子消除抑郁的困扰，而更好地面对自己，热情地拥抱人生。在上述二十条之中，如果孩子所符合的项目超过其中十条，父母要尤其重点关注孩子，避免孩子受到抑郁症的侵扰和伤害。

第 10 章
胆怯和害羞的孩子，儿童也会有社交恐惧症

很多父母都认定孩子是自来熟，觉得孩子只要和孩子在一起，总是马上就会熟悉起来，没有隔阂，没有陌生感，从而友好融洽地相处。实际上，孩子并非都是大方的，他们因为自身性格因素和社交经验的影响，也会有胆怯和害羞的时候，甚至有些孩子还有社交恐惧症。为此父母不要再想当然地认为孩子一定是落落大方的，而是要努力培养孩子的社会交往能力，让孩子尝试着走入人群之中，也与身边的人更好地相处和交往。

孩子胆小未必都是先天决定的

家麒和家麟是一对双胞胎兄弟,家麒是哥哥,家麟是弟弟。家麒只比家麟早出生3分钟,但是真的有哥哥的样子,不但长得比弟弟高且壮实,而且胆子也比弟弟大,更加勇敢。因为家麟出生的时候黄疸太高,为此住了一个月的保温箱。一个月后,等到瘦弱的家麟回到家里的时候,家麒独享妈妈的乳汁一个月,每次都吃得肚饱溜圆,已经长了整整3斤。家麟回家之后,妈妈对家麟更用心地照顾,总觉得家麟先天身体不好,为此就更偏爱家麟。渐渐地,兄弟两人都长大了,家麒被散养,家麟则被圈养。就这样,家麒越来越身强体壮,就像一个真正的男子汉那样说话也瓮声瓮气的,家麟却总是奶声奶气,不管做什么事情都感到很害怕,也常常因为胆怯而畏缩。

有一天,妈妈带着家麒和家麟去游乐场玩,家麒一马当先跑去玩了,家麟却落在后面,对于哥哥玩耍的游乐项目,他不敢尝试。这个时候,爸爸对家麟说:"家麟,你看看哥哥,总是那么勇敢。你也是男孩子,要像哥哥一样勇敢。"这个时候,妈妈赶紧护着家麟:"家麒是哥哥,家麟是弟弟,哥哥本来就要胆大,弟弟胆小是因为还没有长大。"看着妈妈护犊子的样子,爸爸忍不住揶揄:"你的意思,弟弟在肚子里多待了3分钟,理应更孱弱吗?"妈妈无语,瞪了爸爸一眼。在妈妈的庇护下,家麟的胆子越来越小,就连看到毛毛虫都要惊吓得叫嚷半天,就连妈妈都怀疑家麟是天生胆小了。

家麒和家麟是一母同胞的亲兄弟,还是双胞胎,按理来说性格应该不

会相差那么大，但是他们为何表现迥异呢？妈妈觉得家麟是天生胆小，其实是因为家麟小时候住过保温箱，妈妈始终认定家麟需要得到比家麒更多的照顾，为此也就总是偏爱家麟，为此使得家麟总是被妈妈庇护，也就变得越来越胆怯。当然，家麒和家麟的性格先天就有不同，这一点毋庸置疑，但是家麟的性格之所以越来越软弱，与他后天的成长与发展是分不开的。如果妈妈能够多多鼓励家麟要勇敢无畏，努力向前，也给予家麟更多的锻炼机会，让家麟的胆量变得越来越大，那么相信家麒和家麟之间的差距就不会这么大。

孩子之所以胆小怯懦，除了先天的性格因素起到很小的作用之外，与父母后天对于孩子的培养、引导和过度保护是密不可分的。没有孩子天生就很勇敢，他们之所以变得勇敢，是因为他们不断地得到机会锻炼胆量，也持续地突破和挑战自我。所以父母必须给孩子机会去尝试，去突破和超越自己，这样才能真正强大自己，让自己变成真正的人生强者，在行走人生的过程中无所畏惧，充满力量。

此外，父母除了要给孩子机会去努力锻炼之外，还要为孩子树立积极勇敢的榜样。很多父母当着孩子的面常常会表现出胆怯的样子，尤其是妈妈在看到毛毛虫的时候也会感到害怕，这样会无形中影响孩子，导致孩子的胆量也越来越小。关于这一点，从妈妈带大的孩子与爸爸带大的孩子有明显区别就可以得到验证，为此父母在带养孩子的过程中一定要密切配合，这样才能从男性的阳刚和女性的柔和两方面给孩子树立榜样，也中和孩子的发展，让孩子拥有妈妈的韧性，也拥有爸爸的坚强。总而言之，孩子的性格养成是一个漫长的过程，孩子的性格不是天生就具有的，也不会因为某一个原因就骤然发生改变。父母要想引导孩子，熏陶孩子，就要为孩子创造良好的成长环境，给孩子的健康成长提供各种有利的条件。这样孩子才能全面发展，也才能健康快乐。

孩子为何会害羞呢

最近，学校里要举行联欢会，每个班级为一个主场，要准备10个节目。原本老师推荐作为音乐课代表的小薇进行独唱，因为不管是音乐老师还是同学们都一致认为小薇的歌声很美妙，但是小薇却连连拒绝："我不行，我不行！"说着，小微的脸变得通红。

小薇是个很害羞的女孩，平日里很少举手回答问题，每当家里来了陌生人的时候，她也会躲在房间里不愿意出来。一开始，妈妈总觉得小薇还小，长大了就不会这么害羞，但是眼看着小薇已经成为一年级的小豆丁，却还是这么害羞，妈妈感到很苦恼。本来，妈妈是把小薇当成大家闺秀去培养的，也希望小薇能够在合适的场合里展现才华，获得众人的认可和赏识。但是现在小薇这么害羞，根本不想表现，让妈妈感到很担心，最重要的是小薇连回答问题都不愿意，在课堂上与老师之间没有互动，这样学习怎么会有进步呢？

很多孩子都会害羞，实际上，害羞不但是情绪表现之一，也是性格特征之一，为此害羞也会受到遗传因素的影响，有些孩子之所以害羞，就是因为爸爸或者妈妈之中有至少一个人会害羞。也有科学家经过研究发现，害羞的人体内的害羞基因往往比较高，这种基因与压力敏感度密切相关，常常会导致孩子们在感受到压力的时候，就会情不自禁地紧张。当孩子常常害羞的时候，父母就会很着急，尤其是当看到别人家的孩子总是落落大方的时候，他们更是非常羡慕。然而，孩子的落落大方、自信从容并非是天生的，而是在后天不断锻炼和成长的过程中才会形成的。为此，父母不要抱怨孩子天生就很害羞，虽然害羞受到遗传因素的影响，但是作为父母只要多多引导孩子，努力帮助孩子，给孩子提供各种锻炼胆量的机会，孩

子就会越来越充满自信，越来越从容大方。

具体而言，如何才能让孩子不那么害羞呢？从本质上来说，害羞其实是一种胆小的表现形式。大多数害羞的孩子内心都很害怕，特别恐惧，为此他们不愿意接受新鲜事物，也不想进入陌生的环境，而只想留在熟悉的环境里，守在熟悉的人身边，这让他们感到非常有安全感，内心也很踏实。从这个角度来说，要想让孩子不那么害羞，首先要培养孩子的自信心，让孩子变得更加有胆量，这样一来，孩子才会战胜内心的胆怯，从而表现得更加落落大方。

当然，胆量和自信都可以经过后天培养而逐渐提升。很多父母在带养孩子的过程中，总是喜欢把孩子关在家里，因为这样看护起来比较方便，不容易导致孩子受伤害。实际上，孩子越是年幼，父母越是要带着他们四处走走看看，让他们更加亲近大自然，感受外部世界的丰富精彩，见识到更多的人和事情，这样一来，他们才能够开阔眼界，锻炼胆量。

对于害羞的孩子，亲子相处的时候也要特别注意。害羞的孩子内心敏感而自卑，作为父母，每当孩子犯错误或者孩子的表现无法达到他们预期的时候，不要总是批评和指责孩子，而是要保护好孩子的自尊心，尊重孩子，这样一来，孩子才会越来越自信，而不会因为觉得丢了面子而变得窘迫。最重要的是，不管孩子是否真的害羞，也不管孩子害羞的程度如何，父母都不要给孩子贴上"害羞"的标签，更不要当着孩子的面告诉别人孩子很"害羞"，否则只会导致孩子害羞的行为越发严重，使得孩子形成错误的自我认知。

还有些父母总是全方位呵护孩子，无条件为孩子付出，也不由分说就代替孩子去做很多事情，这样一来无形中就剥夺了孩子锻炼的机会。父母即使再爱孩子，也不可能永远陪伴在孩子身边庇护孩子，为此明智的父母随着孩子不断成长，会循序渐进地对孩子放手，从而让孩子一步一步地成长，越来越独立，越来越坚强。这样一来，孩子就会战胜羞怯，变得越来越勇敢和大方，也变成真正的人生强者，主宰自己的人生和命运。

不要把孩子吓成"胆小鬼"

最近，妈妈要出差一个月，为此特意把奶奶从老家接过来负责照顾喜悦。喜悦才3岁，对奶奶还有些认生，幸好妈妈预留出了一个星期的时间让喜悦和奶奶熟悉。血缘亲情，使得喜悦很快就与奶奶熟悉起来，也愿意和奶奶亲昵。因而等到妈妈出差要走的时候，喜悦不哭也不闹，就依偎在奶奶的怀里，乖乖地和妈妈拜拜。

当天晚上才刚下飞机，妈妈就给奶奶打电话询问喜悦的情况。当时才9点钟，妈妈询问喜悦的情况时，让奶奶把电话给喜悦，奶奶告诉妈妈："喜悦已经睡着了。"妈妈感到难以相信，为此又看了看时间，确定是9点，便对奶奶说："妈妈，你是用什么方法让喜悦这么早就睡觉的啊！我在家的时候，她怎么也不愿意睡觉，10点半还在磨蹭呢！为了让她睡觉，我每天晚上都绞尽脑汁，但是效果很差。"奶奶笑着告诉妈妈："孩子就要早点儿睡觉，身体才长得强壮。10点半睡太晚了，我们要早睡早起，明天还要去小区广场上挖沙、玩滑梯呢！"既然喜悦睡了，妈妈没有再说什么，就挂断了电话。此后一连几天，妈妈9点多打电话回家的时候，喜悦不是已经睡着了，就是睡意正浓。妈妈只好改成傍晚时分给喜悦打电话，这才算听到了宝贝闺女的声音。有奶奶照顾喜悦，妈妈可以全力以赴地工作，为此原计划需要一个月才能完成的项目，22天就完成了。妈妈归心似

箭,决定偷偷回家,给喜悦和奶奶一个惊喜。

当天晚上,妈妈9点钟到家的时候,打开门,听到奶奶正在哄着喜悦睡觉呢!喜悦不停地喊着:"我不睡觉,不睡觉!"奶奶假装用恐怖的声音对喜悦说:"喜悦,天黑了,就有怪物出来,他们张牙舞爪的,你不害怕吗?"喜悦似乎吓得用被子蒙住了头,说:"奶奶,我害怕。"奶奶说:"害怕就藏在被窝里不要出来,好不好?奶奶现在去把怪物打跑。"说完,奶奶就走出喜悦的房间,把门关好。看到妈妈站在门口,奶奶的确很惊喜,问妈妈:"这么快就回来啦!我以为还得一个星期才能回来呢!"妈妈面色严肃地对奶奶说:"妈妈,您就是用这种方法哄喜悦睡觉的吗?"奶奶点点头,得意地说:"你别去,她10分钟就能睡着了。"妈妈放下行李,赶紧去看喜悦,她打开被窝的时候,发现喜悦正瞪着惊恐的大眼睛吃手指呢!看到妈妈回来,喜悦一下子扑到妈妈怀里哭起来,说:"怪物,怪物!"妈妈安抚喜悦:"喜悦,奶奶是骗你的,没有怪物。奶奶想让你睡觉,就故意骗你的。"奶奶很疑惑:"你到底是想让孩子睡觉,还是不想让孩子睡觉呢!"妈妈解释道:"我想让孩子早点睡,但是你的方法不对。您这么欺骗她,她心里多么害怕。喜悦以前从来不怕黑,现在却吓得躲在被窝里,我简直担心她以后不敢自己入睡了呢!"

果然,奶奶走了之后,喜悦又要自己住在一个房间,但是她怎么也不敢睡,必须要让妈妈陪伴。即使妈妈再三向喜悦解释,喜悦也还是难以消除心底的恐惧。妈妈的担心果然应验了。

很多孩子都怕黑,是因为他们不知道黑暗之中隐藏着哪些危险。如果照顾者再以黑暗之中隐藏着大怪物来吓唬孩子,让孩子早点儿乖乖躲在被窝里不要乱动,则孩子对于黑暗会更加恐惧。这是因为孩子的认知能力有限,而且他们的人生经验也很匮乏,为此他们无法科学地认知黑暗的现象为何发生，就这样被"好心办坏事"的照顾者吓唬成了胆小鬼。很多照顾者都会吓唬孩子，这其中父母吓唬孩子的比例相对较低，而年长者，诸如爷爷奶奶、姥姥姥爷等照顾孩子的时候，吓唬孩子的概率会更高。除了哄孩子睡觉时会使用吓唬的方式之外，每当孩子特别顽皮淘气不听指挥的时候，照顾者也会在无奈和烦躁之余吓唬孩子。至于吓唬的方法则更是多种多样，有说怪物的，有说大灰狼的，有说警察的，有说捡破烂的，有说打大老虎的，总而言之，哪种吓唬的东西效果好，他们就会说哪种。殊不知，经常受到惊吓的孩子的变化绝不只是变得听话这一点，科学研究证明，他们的思维会变得迟钝，他们会因为缺乏安全感而自卑，他们会因为极度恐惧而自我封闭。因而作为父母千万不要吓唬孩子，如果发现老人会吓唬孩子，也要及时制止，把恐惧带给孩子的危害讲给老人听。相信不管是爷爷奶奶还是姥姥姥爷，和爸爸妈妈一样都希望孩子健康快乐，为此他们一定会及时改正，再也不吓唬孩子。

面对被欺负，如何帮助孩子

乐乐长得很高大，虽然才5岁，但是看起来就像七八岁那么高，为此经常一起玩的几个孩子妈妈，常常向着乐乐妈妈取经是如何把乐乐喂养得这么好的。然而，乐乐胆子却很小，尤其是在外面和小朋友一起玩的时候，他总是牢记爸爸妈妈说的"不打人，不骂人"的训诫，哪怕被小朋友打了骂了，也不还手，不还口。有的时候受到了很大的委屈，他就会哭个不停。

看到乐乐这个窝囊的样子，妈妈首先进行反思："咱们的教育方法真的对吗？不打人不骂人是对那些友好的孩子，有的孩子就是欺负人，就喜

欢打人骂人，这样再三忍让，他们只会觉得乐乐好欺负，更加欺负乐乐。"爸爸觉得妈妈说的的确是个问题，也感到很困惑："但是，乐乐还小，不会区分别人到底是不小心打他的，还是故意欺负他的，怎么办？"妈妈说："不管怎么办，反正不能让孩子总是被欺负，不然被欺负习惯了，只会越来越胆小。"这么想着，妈妈说："不然就告诉他，第一次可以原谅，第二次就视为故意，不能原谅，让他还手。"爸爸暂时没有更好的办法，为了避免乐乐被欺负得更加胆小，不敢出去玩，他同意采用妈妈的判断方法。

此后，爸爸妈妈很耐心地教会乐乐如何区分第一次、第二次，还和乐乐以游戏的方式演习怎样才算是无意，怎样才算是故意。一开始，乐乐还会分不清楚，但是随着和小朋友们玩的过程中不断操练，他渐渐地可以很好地把握无意和故意，也能够勇敢反击了。

和成人喜欢掩饰不同，孩子的世界是非常真实的，他们的喜怒哀乐完全表现在脸上，也会呈现在行动上，为此孩子在一起玩耍的时候，很容易会发生争执、矛盾。虽然几千年来儒家学说一直劝谏我们要谦虚礼让，但是正如事例中乐乐妈妈所说的，有些孩子就是欺软怕硬，就是会捡着老实孩子欺负，为此让孩子一味地谦让也不是办法，而且孩子被欺负成为习惯，渐渐地就不会反击，内心也会很怯懦。

当然，锻炼孩子的胆量，不是一件着急的事情，毕竟孩子不是机器，不是按下一个按钮就能操控的。父母必须有耐心，用正确的方法引导孩子，才能让孩子的胆小有所改变。很多父母看不得孩子被欺负，一看到孩子受了委屈掉眼泪，或者冲上去帮助孩子伸张正义，或者训斥孩子就知道哭，说孩子是窝囊废、很无能。这两种方法都是错误的，前者会导致孩子之间的矛盾和纷争升级，甚至使父母也介入其中发生争吵和打斗，而后一种则会让孩子更加失去自信，更加畏缩胆怯。记住，作为父母在发现孩子面对难题的时候，重点在于帮助和引导孩子解决问题，而不是冒失地介入孩子的矛盾。

当然，让孩子反击别人的欺负，不仅仅是一句"把别人打过来的都打回去"就可以解决问题的，一方面有的孩子不知道如何反击，另一方面孩子人生经验有限，不能准确把握反击的力度，说不定就会防卫过当。为此，父母要想教会孩子如何应付其他孩子的欺负，就一定要有耐心，为孩子解释清楚，也告诉孩子正确的道路，此外还可以采取实战模拟的方式形象地让孩子认知和感知反击的方式与力度。每个人都是社会的一员，都要在人群中生活，谁也不能免俗。最重要的是，不要惹事，也不要怕事，不要过于强硬，也不要过于软弱。只有把握好人际相处的度，才能收获良好的人际关系，也才能快乐成长。

孩子说话为何像蚊子哼哼

在读幼儿园的时候，艾米丽就不喜欢说话，总是一个人沉默地坐在教室的角落里，看着其他同学嬉戏打闹。今年暑假，艾米丽升入一年级，开学1个月后，妈妈很担心沉默寡言的艾米丽在课堂上的表现，为此特意去学校找老师进行沟通。老师对妈妈说："艾米丽是一个很乖巧的孩子，特别懂事听话，表现都不错，也能遵守纪律。唯一不好的是，她不愿意回答问题，从来不积极主动举手，即使被我点名叫起来回答问题，她也会像蚊子哼哼一样，说话的声音特别小，根本听不清楚。"

听到老师的反馈，妈妈对老师说："的确，艾米丽特别胆小害羞，不敢当众讲话。老师，她不举手你就点名让她回答，这样她才能锻炼，胆量更大，学习上也才能有进步。"老师有些为难："的确，孩子多多回答问

题是好的，不过您也知道，班级里四十几个学生，我不可能每次提问都找艾米丽回答。其实要想锻炼孩子的胆量，你们要在生活中多多给她机会。她在家里也是这样说话声音特别小吗？"妈妈说："在家里从来不这样。说话声音很大，还会发脾气。"老师沉吟道："看来还是胆小，你们要多带着她见人，给她机会与更多的人相处。渐渐地，就会有所好转的。"妈妈很信服老师："老师，您一下子就说到点子上了。艾米丽小时候由奶奶带大，奶奶不会说普通话，所以来到城市里和别人沟通很困难，为此就很少带艾米丽下楼玩耍。"老师说："既然知道了问题产生的根源，那么解铃还须系铃人，还是要对症下药才能有效果！"妈妈连连点头。

艾米丽说话声音很小，排除生理上的原因，就是心理原因。妈妈心知肚明奶奶带养艾米丽的时候很少与艾米丽出门，所以就要从这一点上下手，让艾米丽接触更多的人和事情，渐渐地，艾米丽就会变得越来越大方和开朗。

很多人都对于相貌非常重视，而对于声音的重视程度则没有对于相貌的重视程度那么高。实际上，在人际交往中，尤其是在人际沟通中，声音起到至关重要的作用。一个人如果声若铜钟，则意味着他有自信，而且底气足，做人非常爽朗和坦荡。相反，一个人如果说起话来吞吞吐吐，声音小得就像蚊子哼哼，则意味着他们内心发虚。这样的虚弱有可能是心理惭愧导致的，也有可能是胆怯导致的。细心的父母会发现，孩子们在撒谎的时候往往说话的声音变得很小，或者在害怕的时候也会把声音憋在嗓子里，不敢大声说出来。为此，父母要帮助孩子调整语言表达时的音量，除了经常提醒孩子要大声说话之外，还可以在孩子说话声音特别小的时候，不给予孩子回应，这样一来就逼着孩子必须把音量提高。当孩子习惯于以更高的音量说话，他们就会改变胆怯的说话习惯，用声音来散发自己充满自信的魅力。

胆小的孩子不敢结交朋友

最近这几天,小莫正在忙着和同学们告别,这是因为爸爸的工作要调动到另外一个城市,为此小莫和妈妈也要一起搬迁到那个城市生活。对于这次转学,小莫尽管表示了反对,但是却没有办法改变爸爸的决定,因为爸爸调动到另一个城市工作是升职,为此妈妈也和小莫说不能拖爸爸的后腿。

开学第一天,小莫从早晨起床就开始忐忑:马上就要去新学校学习,面对新朋友,他们能喜欢我吗?小莫甚至恐惧得想要逃避,告诉妈妈自己肚子很疼,可能不能去学校了,但是妈妈却不为所动,提醒小莫:"你不可能天天肚子疼,总是要面对的。"妈妈很了解小莫,知道小莫害怕见到陌生人,更别说突然转学到完全陌生的学校里。小莫只好硬着头皮,和妈妈一起走去新学校。看到小莫到来,已经接到通知的班主任老师当即组织全班同学鼓掌欢迎小莫,并且让小莫向着全班同学介绍自己。小莫恨不得找个地洞钻进去,他结结巴巴地说:"我……我……我叫莫言,妈妈也会叫我……小莫。额……额……很高兴认识大家。"同学们发出善意的笑声,老师安排小莫和阿奇同桌。阿奇很友好,看到小莫还没有书,就把新书借给小莫一起看。坐在小莫前面的同学一下课,就把自己带到学校动植物角的仓鼠拿给小莫欣赏。小莫木讷寡言,对着友好热情的同学们微笑,大家都很喜欢小莫。很快,虽然小莫不善交际,但是同学们对小莫都熟悉起来,小莫也不觉得自己与同学们非常陌生了。

对于不善于交际的孩子而言,如果身边有特别热情的人主动抛出橄榄枝,他们还是很愿意回应的。但是如果身边没有特别热情的人,或者说对方也恰巧是个内向沉默、不善交际的人,则相处就会显得很尴尬。其实,孩子是否擅长交际并非是天生的,而是后天成长过程中不断形成的性格特

点和交往方式。为了帮助孩子走出内心的束缚和禁锢，父母可以多多带着孩子与他人相处，也可以让孩子参与各种集体活动。所谓熟能生巧，当孩子可以从容面对陌生人，渐渐地，他们也就不会那么害怕陌生人，更不会那么恐惧和害羞了。

在家庭生活中，父母也不要总是把孩子当成孩子，而是要把孩子当成家庭的一员。每当家里来客人的时候，或者带着孩子一起去做客的时候，父母都要郑重其事地介绍孩子，也要培养孩子向长辈问好的好习惯。这样一来，孩子就会越来越大方，不卑不亢，成为更美好的自己。

小测试：孩子是C型性格吗

1. 见到陌生人或者进入陌生的环境，孩子总是很紧张焦虑，无法顺利融入其中。

2. 孩子喜欢宅在家里，哪怕是在面对同龄人的时候，他们也很少说出心里话。

3. 孩子的性格很内向，敏感多疑，内心脆弱，很容易受到伤害。

4. 孩子受伤后就像小兽一样喜欢把自己封闭起来疗伤，不接受别人的安慰和照顾。

5. 孩子不喜欢被他人关注，越是在人多热闹的场合，孩子越是恨不得藏起来，不被任何人注意到。

6. 即使面对不喜欢的人，孩子也会礼貌周到，而不会把心中的厌恶和排斥表现出来。

7. 孩子不会主动接受新鲜事物，喜欢墨守成规、一成不变的生活，害怕创新和冒险。

8. 孩子不敢表达自己真实的心声，常常选择隐忍，哪怕有不同意见也不会说出来。

9. 孩子总是很胆怯，内心充满了不安全感，喜欢和照顾者在一起，有分离焦虑的症状。

10. 孩子总是苛求自己凡事都要做到尽善尽美，又因为对于自己的要求太高而无法实现目标，导致内心产生强烈的挫败感，压抑、焦虑和烦躁。

11. 在集体活动中，孩子总是不够自信，是个顺从者，而没有主见，有的时候还会故意阿谀奉承，曲意逢迎。

12. 孩子总是无限度地原谅他人，而他的内心深处却很痛苦，他选择默默承受。

在上述各项中，孩子符合的项目数量越多，越是意味着孩子有C型人格。这种性格类型的孩子总是选择忍辱负重、委屈求全，但是他们内心深处未必能够真的想得开、放得开，为此他们看起来很宽容和善、胸怀博大，实际上真正的心意却是斤斤计较。显而易见，这样的两面表现让孩子在日常生活中就像是戴上了一个面具，或者有了虚伪的假面，是让孩子更加疲惫和无奈的。每一种性格特征都有自己的优势和劣势，C型性格的孩子既有优点，也有缺点，最重要的是认识到性格的不足，从而帮助自己做到更好。

心理学家把人的性格分为ABCD四种类型，其中，B型性格和C型性格从表面看起来很像，都不计较，都很宽容。而实际上，B型性格是真的宽容，不计较，而C型性格的人却只是因为胆小怯懦而不得不隐忍，他们的内心深处实际上斤斤计较。为此，C型性格的人看起来很豁达宽容，只是伪装出来的假象而已。为此，父母要注意区分孩子的性格到底属于哪一种类型，也深入了解孩子的脾气秉性，从而才能帮助孩子健康快乐地成长。

第 11 章
厌学情绪和考试焦虑,给孩子的心灵松松绑

很多父母误以为,只有学习成绩不好的孩子才会厌恶学习,而事实告诉我们,那些学习成绩比较好的孩子,甚至包括很多学霸,也不喜欢学习。毕竟学习是一件需要付出很多脑力的事情,万一学习之后没有取得好成绩,还会因此被爸爸妈妈批评。为此大多数孩子都有不同程度的厌学情绪和考试焦虑,父母一定要给孩子的心灵松绑,而不要把过重的教育焦虑都一股脑地倾倒在孩子身上,使得孩子不堪重负,对于学习的热情越来越弱。

孩子为何不喜欢上学

杨浩已经上初中二年级了，厌学情绪很浓，不只一次打电话给在外地打工的爸爸妈妈，说："我不想上学了，我想下学去打工。"妈妈在电话里苦口婆心劝说杨浩："孩子，不上学就没有出路，就像我和你爸爸一样，一辈子只能辛苦打工，还赚不到多少钱，也不能把你们带在身边。你一定要好好学习，才对得起我和爸爸的辛苦，才能让自己以后的生活好一些。"然而，杨浩从来没有听进去妈妈的话，她很懊恼地指责妈妈："你们从来不管我，还想让我学习好？人家其他同学都上补习班，就我没上，我怎么考得过别人？！"妈妈意识到杨浩可能在学习上遭遇了困境，为此问杨浩："你觉得学习特别吃力吗？"杨浩说："当然吃力。尤其是英语，老师上课在讲什么，我都听不懂。"妈妈继续问："找个老师给你补习英语，你觉得行吗？"杨浩显然没有自信："谁知道能不能补上去呢！"

为了杨浩的学习，妈妈特意从打工的地方回到家里，专程去拜访英语老师。老师对于杨浩几乎没有印象，对妈妈说："英语是语言学科，不是恶补就能补上来的。还要看孩子的天赋、是否愿意学等各种因素。你要是实在想给孩子补，我可以给你们介绍一个专门补课的老师，让孩子多多努力吧！"妈妈事后和杨浩沟通，杨浩愤愤不平地说："英语老师就是带着有色眼镜看人，我可不想和她补课！我最讨厌她了！"妈妈不解："你

为什么讨厌英语老师呢？"杨浩说："她只喜欢学习好的学生，从来不关心我们。"妈妈安慰杨浩："杨浩，如果你当老师，你喜欢学习好的学生，还是喜欢学习差的学生呢？"杨浩想了想，无法回答妈妈的问题，妈妈说："你当然也会喜欢学习好的学生，因为学生学习好，考试分数高，才能给老师脸上增光。这是人之常情。不要抱怨老师，等到你英语学习好了，老师当然也会喜欢你，这么看，主动权还是在咱们手里，对不对？"杨浩点点头。

随着英语成绩的不断提高，杨浩的厌学情绪渐渐减弱。到了初中三年级，她已经成为班级里的中等生，老师还鼓励她争取考上师范中专呢！她渐渐找回信心，变得越来越坚强和独立。

在这个事例中，杨浩之所以厌学，是因为她不擅长英语。众所周知，孩子应该全面地发展，才能在各门学科都有所收获，考出好成绩。而当孩子的某一门学科学习很糟糕的时候，他们就会因为这门学科而变得自卑，尤其是当主要学科瘸腿的时候，孩子们每次到了考试的时候都会非常紧张，根本不知道如何调整好状态应付考试。

当然，并非每个孩子不喜欢学习都是因为不擅长某一门或者几门学科，很多时候，他们也许不喜欢任课老师，也许不喜欢课程内容，甚至还有可能只是因为不想被老师管着，就对学习非常抵触和排斥。作为父母，要想从根本上解决孩子的厌学问题，就要用心观察孩子，分析孩子学习成绩波动的原因，从而找到导致孩子不喜欢学习的症结所在。只有有的放矢、对症下药，父母才能积极地改变和消除孩子的厌学情绪，让孩子意识到学习是很重要的，也心甘情愿、全力以赴地投入学习之中。

幼儿园的孩子也会厌学

冬日的一个早晨，平日里起床很顺利的甜甜赖在微暖的被窝里不愿意起床，奶奶几次去喊她起床，她都非常排斥和抗拒。她还对奶奶说："奶奶，我需要请20天假都不去上学。"奶奶很惊讶："为什么呢？""因为我要在家休息。"甜甜奶声奶气地说，逗得奶奶哈哈大笑。这天早晨，甜甜迟到了一个小时才去幼儿园，平日里不吃早饭的她，还坐在餐桌旁吃了牛奶和面包，反正就是想尽办法磨蹭着不愿意去学校。

又有一天，甜甜问奶奶："奶奶，还上几天就放假了？"她对于星期几还没有明确的概念，为此通过这样的方式问奶奶什么时候才到周末。奶奶掰着手指头数给甜甜听："今天是周三，还有周四和周五，再上两天学就放假了，可以在家休息两天，好不好？"甜甜高兴得一蹦三尺高，欢呼道："太好了，太好了，还有两天就可以在家休息喽！"奶奶无奈地摇摇头："你去幼儿园就是吃喝玩乐，又不用学习和写作业，怎么也和哥哥一样盼着过周末呢？！"

奶奶不知道，上幼儿园的孩子也会有厌学情绪，因为在幼儿园里，每个孩子都要按照老师的安排去做各种事情，包括吃饭、睡觉等都要和其他小朋友统一步调，所以幼儿园的孩子尽管没有学习的压力，却因为被约束和管理而觉得不舒服。相比之下，在家里则非常自由，想睡觉就睡觉，想吃饭就吃饭，想玩就玩，所以孩子尽管小，也知道家里比幼儿园好。因而当孩子出现磨蹭着不想去幼儿园的情况时，父母要意识到孩子不是拖拉和磨蹭，而是因为厌倦去幼儿园了。

如果是入园初期的孩子不愿意去幼儿园，也许是因为分离焦虑。在刚入园的孩子身上，这一点表现特别明显，他们不愿意与父母分开，不愿意离开熟悉的家庭环境，为此厌学情绪特别浓郁。而对于那些已经熟悉和适应了幼儿园生活的孩子而言，他们讨厌幼儿园则是因为不喜欢某个老师，或者讨厌某个小朋友，也有可能是与小朋友之间发生了争吵和打闹。这个时候，父母不要护犊子，更不要当着孩子的面抱怨老师和小朋友不好，而是要告诉孩子在幼儿园里谦虚礼让，这样才能避免孩子对幼儿园产生抵触情绪。

虽然幼儿园里都是孩子，但是幼儿园也是一个不折不扣的小社会。孩子们从第一天进入幼儿园开始，就成为了这个集体中的一员。很多老师为了激励孩子们，会给孩子们奖励小贴画。对于孩子们而言，小贴画是荣誉的象征，为此他们把小贴画看得很重要，也会为了小贴画而努力表现得更好。当然，如果得不到小贴画，有些孩子还会感到失落，对去幼儿园失去兴趣，所以父母也要关注到孩子的具体表现，知道孩子得到了哪些奖励，没有得到哪些奖励。适度照顾到孩子的情绪，有利于激发孩子对幼儿园的喜爱。

学霸难道就一定喜欢学习吗

才刚刚上一年级，子桓就已经成为全年级闻名的"学霸"。在这个无数孩子都挤破了脑袋想进入的民办小学中，按理说老师们在组织孩子们进行面试的时候，已经见到了很多优秀的孩子，但是在面试完子桓之后，子桓出类拔萃的表现还是让老师们大跌眼镜。

在进行自我介绍的时候，子桓就洋洋洒洒说了很多，并不是像其他孩子那样只是简单说了姓名。在才艺表演阶段，子桓一看就是有备而来，弹着钢琴唱着歌，简直让在座老师顶礼膜拜。最重要的是，子桓还会画画，画出来的动物形象惟妙惟肖，栩栩如生。为此，子桓面试才结束，全校老师就都知道了学校里来了一个奇才。后来，在一年级打牢基础之后，爸爸妈妈萌生了让子桓跳级的想法，因为子桓已经熟练掌握了三年级的内容。时间是那么宝贵，他们不想让子桓浪费时间。没想到，素来听话的子桓有自己的想法："爸爸妈妈，我不想跳级，我想和同学们一起学习。"然而，爸爸妈妈已经习惯了子桓的言听计从，为此没有把子桓的反对意见放在心上，开始着手安排子桓补习，以便能够通过跳级的考试。出乎他们的预料，子桓跳级考试没有通过，而且在一年级的表现也越来越差。这到底是为什么呢？妈妈一开始以为子桓是故意为之，直到有一天带着子桓去看了教育专家，才知道子桓原来是产生了厌学情绪。

很多父母误以为只有学渣才会厌学，殊不知，学霸也会厌学。孩子终究是孩子，时间和精力有限，而且愿意享受无忧无虑的童年。在这个事例中，子桓之所以会厌学，都是因为爸爸妈妈对他提出了过分苛刻的要求，才让他对于学习的兴趣全都消失了。

每一个父母都要知道，孩子的成长有其规律，任何人都不能对孩子拔苗助长，否则一旦破坏和扰乱了孩子的身心发展规律，就会导致孩子变得非常被动和无奈，也会使得孩子在成长过程中迷失。只有尊重孩子的成长规律，让孩子按照内心的节奏去长大，孩子才会健康快乐地成长。

如今，大部分父母都陷入教育焦虑状态，他们一方面觉得孩子很累，学习很辛苦，另一方面在看到孩子拿回来的成绩单上写着鲜红的99时，马上又会指责孩子过于粗心，丢掉了1分，而要求孩子一定要更加努力认真地学习，争取每次都能考到100分。正是因为父母这种心态的影响，所以很多孩子都害怕考100分，因为他们不想把父母的心理预期提高，也以这样的方式避免爸爸妈妈对他们过度期望。作为父母，当孩子犯错误的时候要及时为孩子指出来，当孩子有进步有成就的时候，也不要吝啬，而是要积极地认可和鼓

励孩子。否则，如果父母不管孩子表现如何，都始终在否定孩子，对孩子提出更高的要求，则渐渐地孩子就会失去努力的动力，变得消极懈怠。

当孩子对于自己的要求过高的时候，父母还要充当消防员，给孩子的过度热情和激情降温。唯有让孩子保持适度的热情与激情，既不要妄自菲薄，也不要妄自尊大，孩子才会激发自身的能量，在学习方面有更加出色的表现和更加丰硕的成果。

帮助孩子调整心理状态

每个周末的时候，雅菲的学习和生活节奏比平日里更快。她一天要赶场4个补习班、培训班，早晨和平日里一样6点钟起床，接下来就是不断地赶往一个个培训机构。为此，当班级里的很多同学都盼望着周末到来的时候，雅菲却说："我可不想过周末，就像打仗一样，还是上课的日子里更自由，至少没有我妈在旁边催促着'快，快，快！'"同学们听到雅菲的想法都感到很奇怪："周末多爽啊，可以睡懒觉，可以玩游戏。"雅菲无语。

一个周六的早晨，雅菲因为感冒头疼欲裂，怎么也起不来床。妈妈对雅菲说："雅菲，坚持一下。这一节课好几百呢，缺了可不好补，你能眼睁睁看着几百块钱就这么打水漂了吗？"雅菲对妈妈说："我能！"妈妈拉着雅菲起床，雅菲崩溃地哭起来："我感冒了，我生病了，就不能睡个懒觉下午再去上课吗？"妈妈斩钉截铁地回答："不能，你就死了这条心吧，今天只要能起床，就必须去上课。"雅菲索性用被子蒙住头赖在床上，无论如何也不起来。后来，还因此被妈妈揍了一顿呢！

在这个实例中，雅菲的周末学习节奏显然太快了。作为成人，每周工作5天之后，还要留出2天的时间休息，调整情绪和身体状态，更何况是孩子呢？遗憾的是，现实生活中，很多父母平日里工作忙碌，周六日休息的时候就盯着孩子一定要努力，绝不允许孩子有片刻休息的时间。在这种情况下，孩子感到身心疲惫是理所当然的。作为父母，固然望子成龙、望女成凤，但是也要讲究方式方法，而不要总是对孩子寄予不切实际的期望。只有对孩子适度期望，才能激励孩子健康成长，否则如果总是指责和训斥孩子，如果总是否定孩子，则孩子必然觉得身心疲惫，也许会像雅菲一样崩溃大哭，死活赖在床上不起床呢！

很多父母都说孩子缺乏自制力，无法很好地管理自己，的确，这是事实，也符合孩子的身心发展特点。但是，难道因此父母就可以把孩子当成自己的机器去遥控和指挥了吗？当然不行。父母要尊重孩子，给予孩子自由成长的空间，而不要以任何原因和理由去死死地限制孩子。正如人们常说的，兴趣是最好的老师，如果孩子对于学习失去兴趣，则不管父母怎样威逼利诱或者想办法强制，都是无法让孩子爱上学习的。为此明智的父母知道，要想改善孩子的学习状态，端正孩子的学习态度，当务之急就是给予孩子正确的对待和启发、引导，激发孩子对学习的兴趣，引导孩子发现学习过程中有趣的事情，这样一来孩子才会从"让我学"变成"我要学"，学习的状态才会有非常明显的改变。

被过度保护的孩子，不喜欢学校

锦锦从小就是个体弱多病的孩子，出生的时候体重偏轻，住了一段时间保温箱，后来回到家里之后，因为体质不好，所以经常生病，总是病恹

恹的。妈妈呢，因为产假休完了，不顾爸爸的劝阻，执意不肯留在家里照顾孩子，而是要去当职场女强人。为此，爸爸只好把爷爷奶奶从老家接过来，专门负责照顾锦锦。

锦锦身体很弱，只要家里有人感冒，她肯定会被传染。为此，爷爷奶奶很少带她去户外活动，一则是担心受凉着风，二则是害怕锦锦与其他孩子在一起玩耍的时候被传染感冒。转眼之间，锦锦已经3岁半了，是一个特别胆小怯懦内向的孩子，不但认生，而且很爱哭。到了上幼儿园的年龄，其他孩子适应幼儿园生活只用了一周左右的时间，但是锦锦却用了一个月也没有完全接受幼儿园，而是在去幼儿园的道路上经常哭闹。看着这样子的锦锦，妈妈忍不住抱怨爸爸："这都是爷爷奶奶带孩子惯的。"爸爸当即反唇相讥："是啊，当初让你在家带孩子，给孩子喂奶到1岁再去上班，就和要了你的命一样，不然孩子的体质还能更好一些呢！"妈妈知道爸爸说的是真的，不知道该如何反驳，总是很懊悔自己当初没有选择留在家里带孩子。

事例中，锦锦之所以总是生病，就是因为从小带得太过小心，爷爷奶奶对她的保护太过周到。为此导致她有一点点不舒服，身体马上就会发生反应。这也难怪，因为锦锦一直体弱多病，所以爷爷奶奶对锦锦的照顾也是特别用心的。只是他们没有想到，锦锦到了入园的年纪，会因为在家里待的时间太长而分离焦虑严重、厌学情绪严重。

通常情况下，由老人负责独自带大的孩子常常会因为受到过多的照顾而厌学，这是因为他们在家里享受到更多的自由，也更喜欢家庭的环境。但是，孩子总有一天要长大，必须要离开父母的身边，独自面对生活。为此明智的父母会根据孩子的身心发展特点，引导孩子渐渐地走向独立，可以以强者的姿态面对生活。而那些从小被照顾得无微不至的孩子，则总是对照顾者有太多的依赖，在面对人生中的很多问题时，根本无法独立解决。正因为如此，人们才说溺爱是对孩子最大的伤害，明智的父母不会一味地溺爱孩子，而是会遵循孩子成长的节奏和规律，目送着不断长大的孩子渐行渐远，走向成熟，走向独立。

引导孩子处理好人际关系

紫曦原本是个特别活泼开朗的女孩，在学校里是不折不扣的开心果，得到很多人的喜欢和欢迎。然而，最近紫曦不得不和她亲密无间的朋友们告别，因为她的妈妈工作调动，要带着紫曦去很遥远的城市里生活。爸爸也申请了调动，所以紫曦哪怕想和爸爸继续留在本地也是做不到的。

到了新学校，因为紫曦不会说普通话，又听不懂本地话，所以她很沉默，处于闭塞的环境中。渐渐地，那个乐观开朗的紫曦不见了，现在的紫曦常常闷闷不乐，又因为学习方面遇到很大的障碍，她还变得很自卑。有一次，紫曦不知道因为什么原因和同桌发生了争吵，回到家里她哭得昏天暗地，次日怎么说也不去上学，吵闹着要回到原来的学校。妈妈知道，紫曦一定是受到了很大的委屈，才会有这么激烈的情绪反应。为此，妈妈特意向单位请假陪着紫曦一起去了学校，解决了紫曦和同桌之间因为语言障碍导致的误解，同桌当即表示以后会和紫曦当好朋友，紫曦这才决定继续留在学校里读书。

对于还不够成熟的孩子而言，转学是一种很糟糕的体验，虽然父母们都一厢情愿地认为孩子都是自来熟，很容易融入新的圈子，但是事实却告诉我们，孩子想要融入一个新的集体之中是需要付出很大努力的，而且过程也未必会顺利。为此，父母要理解孩子因为人际关系紧张而产生的厌学情绪，毕竟就算是父母，如果去了工作的地方要面对着一个自己极其厌恶

的人，这种感觉也是让人难以接受的。为此，父母要适度安抚孩子，也要想办法帮助孩子尽快与陌生的老师、同学熟悉起来，这样一来，孩子们才会愿意去学校，也才会热爱学习。

孩子不管多大的年纪，都很愿意融入同龄人的集体之中，与同龄人在一起相处。如果同龄人总是排斥和抗拒他们，他们就会感到如坐针毡，觉得内心很难受，也会因为这样的尴尬和紧张导致与他人之间的人际关系恶劣。人是群居动物，人从本能的角度就害怕孤独。为此，父母在孩子需要适应新环境的时候，要给予孩子更多的关注和陪伴，从而和孩子一起度过这样的人际交往难关。此外，父母还要处理好与孩子之间的亲子关系。在这个世界上，孩子最亲近、依赖和信任的人就是父母，为此亲子关系的好坏往往会影响到孩子安全感的获得，也会对孩子的成长起到积极的推动和促进作用。在与同龄人相处的过程中，孩子还可以向同龄人学习，也拥有更加和谐友好的人际关系。总而言之，父母即使再爱孩子，或者怀着赤子之心与孩子相处，也无法取代同龄人在孩子成长过程中的重要作用。只有和小伙伴们玩得开心，孩子才更愿意去学校里，和同窗好友一起孜孜以求地学习和成长。

孩子患上了考试焦虑症怎么办

明天就要期末考试了，子乔呆呆地坐在书桌前，既没有在看书学习，也没有听到妈妈喊他吃饭，就像在神游物外一样。妈妈喊了子乔好几声也没有得到回应，因此着急地走到子乔身边，对子乔说："子乔，吃饭啦！"子乔一下子被惊醒，无精打采地回答妈妈："我不想吃，没胃口。"妈妈看到子乔的样子，还以为子乔生病了呢，赶紧伸出手去摸了摸子乔的头，说："不热啊？不像感冒。"子乔把妈妈的手拿开，厌烦地说："哎呀，我没有生病，我只是不想吃饭而已。"妈妈不由分说地拉着子乔站起来，走向餐桌："不吃饭怎么行呢，明天就要考试了，吃饱饭才有力气复习，才能考取好成绩啊！"没想到一听到"考试"二字子乔倒是来了精神，对妈妈说："考试，考试，你能不能不要把考试挂在嘴边，好像生怕我把考试忘记了一样。我告诉你，妈妈，我此时此刻满脑子都是考试二字，甩都甩不掉。"妈妈不想和子乔起冲突，指着桌子上的糖醋排骨对子乔说："快看，这是什么！"

子乔才吃了一块排骨、几口米饭，就放下碗筷，说："我要去看书了。不然满脑子都是糖醋排骨，考试该考不好了。"说着，子乔就站起来，自顾自地朝着房间走去。妈妈看着子乔弯腰驼背、疲倦无力的样子，无奈地摇摇头："这才上小学就被考试愁成这样，以后到了初中、高中，可怎么办呢？非得被天天考试吓死。"

子乔的表现，是典型的考试焦虑症。因为马上就要考试了，子乔忍不住感到紧张焦虑，为此导致食欲受到影响，而且还会出现失眠多梦等现象。有些孩子平日里学习很好，一旦到了考试的时候因为受到考试焦虑症的困扰和负面影响，因而考试的时候发挥失常，导致成绩非常糟糕。也有些孩子面对考试很轻松，为此可以发挥很好，反而使得考试成绩得以提升。要想帮助孩子缓解考试焦虑情绪，应注意以下几点。

首先，父母不要把考试、成绩等挂在嘴边，大多数孩子之所以考试焦虑，就是因为过于看重父母对他们成绩的评价。此外，父母也不要总是把自家孩子拿去和别人家的孩子进行比较，否则就会挫伤孩子的自信心，也会使孩子无法以从容的心态面对考试和学习。

其次，父母不要吝啬认可和表扬孩子。很多孩子都缺乏自信，而表

现出自卑的样子，这是因为他们的自我评价能力不足，所以常常会把父母对他们的评价作为自我评价。在这种情况下，如果父母很吝啬给予孩子积极的评价，而总是挑剔和苛责孩子，则孩子的自我认知和评价就会出现偏差，甚至处处否定自己。

最后，通过饮食调节也是可以有效缓解焦虑的。当孩子在考试之前把所有的精神和注意力都集中在考试上的时候，父母可以想方设法转移孩子的注意力，如带着孩子做一些有趣的游戏，或者陪伴孩子一起看一场电影、听一场音乐演奏，都是很不错的选择。父母切勿觉得孩子在考试之前只能看书复习，而不能做任何事情，这样的做法恰恰会导致孩子变得非常紧张和焦虑。明智的父母是想办法帮助孩子放松，保证孩子正常发挥，而不是抱着"临阵磨枪，不快也光"的想法，与孩子较劲，扰乱孩子考试的心情。父母放松，才能给孩子营造最好的备考环境，否则父母越是紧张，孩子就越是紧张，则只会导致事与愿违。

小测试：孩子真的厌学吗

1. 每天早晨起床都很困难，尤其是在想到要去上学的时候，更是愁眉不展，似乎要去的不是学校，而是刑场。

2. 每天都在盼望着周末的到来，哪怕今天只是周一，哪怕今天只是开学的第一天，他们也依然对于放假充满了热切的渴盼。

3. 一旦提起学习二字，孩子就马上头疼、肚子疼，各种症状。

4. 孩子根本不知道自己为何要学习，对于学习既没有规划，也没有目的。

5. 上课常常走神，对于老师所讲解的内容一知半解，有疑问也不会主动提问。

6. 放学回家不想写作业，能拖延多久就拖延多久，作业总是被逼着才会去写。

7. 写作业的时候不愿意动脑子，常常抄袭其他同学。

8. 经常找各种理由逃避上学，不愿意去学校。

9. 经常旷课、逃学，对于学习没有任何兴趣。

10. 每当在学习上遇到难题的时候，都无法正视问题，而是逃避和畏缩。

11. 总是自我贬低，说自己很笨，不是学习的材料，一副破罐子破摔、自暴自弃的样子。

12. 特别喜欢玩游戏，一旦打开电脑，马上精神抖擞，一旦打开书本，马上蔫头耷脑。

13. 学习表现不好，纪律遵守不好，经常会被老师叫家长，整个一副无所谓的态度和模样。

14. 宁愿坐着发呆，也不愿意写作业或者看书。

15. 有考试焦虑症和恐惧症，一到了考试的日子就各种不灵光。

16. 从来不对父母说起学校和班级里的事情，恨不得把关于学习的一切记忆都从脑海中抹掉。

上述这些情况，都是孩子延误学习的表现。作为父母，当孩子占据这些情况中的大多数时，就要意识到孩子出现了厌学情绪，也要引导孩子发现学习的乐趣，激发孩子对学习的兴趣。否则，等到孩子的厌学情绪越来越浓，父母再想帮助孩子端正学习态度，正视学习上的各种难题，就会更难。为此，父母一定要用心观察孩子学习上的各种表现，及时发现孩子的异常表现，才能有效纠正孩子对于学习的错误思想，也才能帮助孩子端正学习态度。

第 12 章
理解孩子的悲伤哭泣，帮助孩子摆脱创伤后应激障碍

悲伤是一种情绪，而且是一种正常的情绪反应，为此作为父母在看到孩子很悲伤的时候，不要总是呵斥孩子"闭嘴，不许哭"，而是可以把孩子拥抱在怀中，让孩子感受父母的温暖和体贴。在这个世界上，如果父母都不能理解孩子的悲伤情绪，那么还有谁可以接纳和包容孩子，给孩子身心休憩的港湾呢？

每个人都会悲伤

摄影大赛正在面向全国征集作品,有个年轻的摄影师也想参加大赛,并且在大赛中有好的表现。为此,他绞尽脑汁,想出了一个很好的创意。他把目光投向养老院的老人们,他带着一些慰问品来到养老院,和亲生的孩子一样陪伴和孝敬老人们。一段时间之后,老人们对他有了深厚的感情,他却突然宣布自己要离开。老人们全都潸然泪下,皱纹如同菊花一样绽放的脸上布满了沟壑,而他们的泪水或者肆意奔腾,或者欲含未落……摄影师抓住这宝贵的瞬间,对老人们进行抓拍。他把作品寄给大赛,果然获得了一等奖。

然而,正在颁奖仪式即将举行的时候,大赛主办方突然宣布年轻人没有资格获奖,因为他让老人们悲伤。摄影师失落不已,回到家里几天都没有出门,沉浸在悲伤的情绪中无法自拔。几天之后,他收到了大赛主办方寄来的获奖证书,原来,这是大赛主办方在接到养老院的院长电话后,临时决定和年轻人开一个"玩笑"。当然,这个玩笑一点儿也不可笑,反而非常悲伤,让年轻人真正感受到了悲伤的滋味。

作为摄影师想要拍出优秀的作品原本无可厚非,但是他却用这样的方式伤害了老人们的感情,这就是很不恰当的。养老院的院长在得知真相后,特意打电话给摄影赛的主办方,让年轻人也尝到悲伤的滋味。的确,悲伤是让人很伤心的感觉,也会使人觉得内心无处寄托,为此任何时候,

第 12 章 理解孩子的悲伤哭泣，帮助孩子摆脱创伤后应激障碍

我们都不要以悲伤与人开玩笑。作为父母，也一定要关注孩子的情绪改变，要慎重其事地对待孩子的悲伤，唯有如此才能时刻注意到孩子的情绪，也才能给予孩子最佳的陪伴和照顾。

悲伤是正常的情绪反应，每个人都会感到悲伤，尤其是在遇到那些使人伤心的事情时，悲伤的发生水到渠成，让人感到无法抗拒，也无处逃避。面对悲伤，不管是成人还是孩子，唯有积极地接纳，正面去解决，而不要一味地逃避，更不要在逃避的时候还在抱怨和诅咒悲伤。很多父母都会忽略孩子的悲伤情绪，他们觉得对于孩子而言，哭泣是一件再正常不过的事情，还认为孩子在一转眼之后就会忘记悲伤，继续开开心心地玩乐。实际上，孩子的心中不但有不快乐，还有很浓重的悲伤和痛苦。只不过和成人对于生活的无休止欲望相比，孩子对于生活的欲望很简单，对于快乐的要求也更低。当失去一个心爱的小动物，孩子就会感到悲伤；当妈妈不同意给他们买棒棒糖，他们也会感到悲伤。尽管让孩子感到幸福和悲伤的原因都如此简单，但是他们幸福和悲伤的感觉丝毫不打折扣。对于一个孩子来说，得到一块糖果的满足感，并不逊色于成人买到一套房子。所以作为父母不要忽略孩子任何细微的感受，而是要更加理解和尊重孩子，也真正地关注孩子。

悲伤的情绪尽管是自然发生的，但是当孩子长久沉浸在悲伤中的时候，悲伤还是会浸润他们的心田，让他们感到内心很痛苦。为此，父母要引导孩子找到发泄悲伤的途径，或者教会孩子如何释放悲伤。这样一来，孩子就可以让悲伤减半，就可以与悲伤友好相处。需要注意的是，虽然时间是治愈一切的良药，但是作为父母，却不要任由孩子被悲伤的情绪淹没。对于孩子而言，他们的情绪感知能力和控制能力都还很差，为此如果他们始终因为悲伤而感到心中沉甸甸的，则他们的情绪和心理健康就会受

到影响。所以明智的父母会关注孩子悲伤的情绪，也会最大限度地引导和帮助孩子缓解与消除悲伤。

作为父母，一定要为孩子营造良好的生存和成长环境，这样一来，孩子才能健康快乐，积极向上。否则，长期在压抑环境中长大的孩子，不但缺乏安全感，也会因为悲伤情绪的侵犯，而变得内向、孤独、寂寞，远离明媚的阳光，内心如同暴风雨来临前的乌云一样沉重和湿漉漉的，仿佛能拧出水来。有哪一个父母忍心让孩子在这样逆流成河的悲伤中浸润呢？那就要关注孩子的情绪，给予孩子最好的陪伴和照顾。

哭吧哭吧，不是罪

小叶从小就是个特别爱哭的孩子，不管是遇到不顺心、不如意的事情还是受到伤害，她都会号啕大哭。尤其是在襁褓时期，小叶一哭就能哭好几个小时，这让妈妈很无语，直到小叶哭累了睡着，妈妈才能把她放下来，自己也休息一下已经僵硬麻木的胳膊。爸爸对于小叶则充满了不耐烦，从来不称呼小叶的名字，而是说"爱哭的那小子"。当然，妈妈不允许爸爸这样称呼小叶。

随着不断地成长，小叶爱哭成为笑柄，每当其他孩子都很勇敢的时候，小叶总是咧开大嘴开始哭。这不，已经上一年级的小叶要在学校里打预防针，其他同学包括那些女同学都很坚强，他却哭个不停，为此小叶得到了一个绰号，叫作"爱哭鬼"。虽然爸爸妈妈经常给小叶讲各种故事，鼓励小叶不要哭，而要勇敢，但是却收效甚微。最终，爸爸妈妈得出结论，小叶天生哭点就低，所以就让他哭吧。爸爸有时候会担心男孩子爱哭没出息，但是妈妈却说："爱哭有什么，只要人正直善良就好，只要能够承担起责任就行。哭和笑一样，都是表达情绪的方式之一，为什么人们不指责爱笑的人，却总是指责爱哭的人呢！这完全没道理！"好吧，妈妈已经被小叶折服了，再也不对小叶破涕为笑抱有太大的希望。

很多父母都会因为孩子哭起来没完没了而感到心烦气躁，尤其是在公共场合，或者是在有外人在场的情况下，孩子不停地哭泣，则更是会让父母难堪。有些脾气急躁的父母在看到孩子哭起来没完的时候，非但不会安抚孩子，反而还会抬起手抽孩子几巴掌。结果，有的孩子感到疼痛哭得更厉害，有的孩子则被吓得大气也不敢出，彻底不哭了。

孩子不会无缘无故地哭泣，一定是感到身体哪里不舒服，或者是有了不如意的事情。此外，还有的孩子是用哭泣来要挟父母，从而帮助自己达到某种目的。所以父母要想改善孩子哭泣的状态，就要区分孩子哭泣的原因，也要有的放矢地缓解孩子的紧张和焦虑心情，从而才能对症下药，缓解孩子的焦躁情绪。

刘德华在一首歌里唱道"男人哭吧哭吧不是罪"，很多父母都讨厌男孩子哭，觉得男孩子爱哭没出息。其实，哭泣根本不分男女，谁哭都是表达情绪的方式。心理学家经过研究发现，和不爱哭的人相比，爱哭的人内心更加健康，因为他们以哭泣作为宣泄口，把心底里抑郁寡欢的情绪都发泄掉了。为此当孩子大声哭泣的时候，父母一定不要指责孩子，使得孩子更觉得委屈，也不要盲目喝令孩子当即停止哭泣，否则孩子的情绪就会像一架高速行驶的列车一样紧急刹车，会给孩子的内心带来无法忍受的心理冲击和情绪震荡。孩子哭吧哭吧不是罪，作为父母，只要给孩子一个温暖的怀抱，以宽容的心态接纳和面对孩子就可以。等到孩子哭完了，哭得痛快了，父母再和孩子一起尝试着解决问题，找到渡过难关和困境的方法。

这样才能够帮助孩子彻底解决问题，也可以让孩子变得更加积极乐观。其实，父母与其呵斥孩子不要哭泣，不如用这种方法让孩子亲身感受解决问题、战胜困境的成就感。当孩子自身的力量越来越强大，他们也就不会再因为一些小的事情就情绪崩溃，在成长过程中自然会有更好的表现和更丰厚的收获。

如何安抚孩子受伤的心灵

乐嘉3岁半，刚刚上幼儿园，才去幼儿园的第一天，就被老师打电话告状。老师在电话里和妈妈说："我真是对你家乐嘉束手无策，他太爱哭了，遇到什么事情第一反应就是哭，哭得连话都说不出来。"妈妈赶紧向老师道歉："对不起，老师，他在家里不是那么爱哭的，当然也不是那种特别皮实从来不哭的孩子。您知道他为什么哭吗？"老师说："原因多得数不清，饿了哭，渴了哭，要撒尿了也哭，就不能说吗？要不是看着他已经3岁半了，我简直以为他还是襁褓中的婴儿。"下午放学，妈妈去接乐嘉的时候，看到乐嘉的眼睛红红的。妈妈心疼地把乐嘉抱在怀里，问乐嘉："乐嘉，今天在幼儿园开心吗？"乐嘉马上哇哇大哭起来，说："我不要上幼儿园，我不要上幼儿园！"

次日清晨，乐嘉哭得撕心裂肺，怎么也不愿意起床去幼儿园。妈妈看到乐嘉这么抵触和排斥，给老师打电话商量："孩子情绪特别波动，我可以这个星期先送他过去半天，给他一个缓冲期吗？"老师说："乐嘉妈妈，不是我说您，您这样惯着孩子，孩子什么时候才能长大啊！你这么凡事都顺着他的心意，只会导致他永远也不能断奶。"妈妈认真想了想，觉得老师说的也有道理，为此狠下心继续送乐嘉上学。但是一段时间过去，乐嘉还是会在上学之前吵闹，始终不喜欢学校。直到半年之后乐嘉爸爸调动工作，全家都搬迁去了另一个城市，看着乐嘉每天开开心心去幼儿园，喜欢老师，喜欢同学，妈妈才意识到乐嘉之所以一直不喜欢去此前的幼儿园，也许原因并非都出在他的身上。后来，妈妈耐心地引导乐嘉回答，这才知道乐嘉在去幼儿园的第一天就因为哭泣被老师罚站，导致对于幼儿园的印象特别糟糕，看到老师也很害怕，所以在有需要的时候不敢告诉老师，而是一个人默默地哭泣。

孩子的心灵是那么稚嫩，就因为第一次哭泣的时候被老师粗暴地对待，所以从此对幼儿园留下了可怕的印象。每一个孩子都需要父母用心呵护，也需要教育工作者耐心对待，否则如果总是随便呵斥孩子，则孩子只会越来越胆怯、恐惧和悲伤。当孩子哭泣的时候，父母一定不要掉以轻心，而是要找到孩子哭泣背后隐藏的真实原因，这样才能有的放矢地帮助孩子，解开孩子的心结。

父母都很爱自己的孩子，但是未必所有父母都会爱自己的孩子。当孩子不停地哭泣时，有多少父母能够做到始终很耐心、很平静呢？孩子在哭泣时，情绪已然翻江倒海，父母要做的是安抚孩子受伤的心灵，抚平孩子的创伤，而不是以疾风暴雨的方式让孩子的伤痛加倍。曾经有心理学家经过研究发现，很多成人之后性格扭曲变态的罪犯，在幼年和儿童时期都曾经遭遇过心灵的深深伤害，这种伤害在他们的一生之中都无法愈合，所以才会导致他们在长大成人之后也依然沉浸在痛苦中无法自拔，甚至被仇恨驱使着做出失去理智的事情来。

当孩子失去心爱的东西

暑假去大姨家里玩的时候,杨洋看中了大姨邻居家的一只小兔子,很想要。为此,大姨就去和邻居讨要兔子。大姨好说歹说,邻居终于答应给杨洋一只兔子。回到家里,杨洋把兔子养在爸爸妈妈开的诊所门口,用一根绳子拴住兔子的腿。大家看了都很奇怪:兔子不是应该养在笼子里的吗?怎么现在却被拴起来了呢?养的时间长了,兔子渐渐地似乎有点儿懂事了,每到了天晚,杨洋就会把兔子牵到院子里。有的时候,杨洋牵兔子晚了,兔子就会自己使劲朝着院子里奔去。

有一天傍晚,妈妈去牵兔子的时候,发现兔子的一条腿被人折断了。兔子很痛苦,还在流血,爸爸尝试帮助兔子固定那条断掉的腿,但是很难。兔子的精神越来越差,而且受伤的腿也感染了。趁着杨洋不在家,爸爸妈妈商量:"要不把那兔子处死吧,省得受罪了。"爸爸妈妈把兔子处理掉,杨洋回家看不到兔子,伤心得号啕大哭。看着杨洋一直哭,爸爸妈妈很着急:"小祖宗,别哭了行么?不就是一只兔子吗?我们再给你买,好不好?"杨洋不依不饶:"不好,我就要之前的那只兔子。"但是,兔子再也回不来了,爸爸妈妈只能任由杨洋悲伤下去。好几天的时间,杨洋都很恍惚,爸爸妈妈很担心他会伤心欲绝而生病。直到一个星期之后,杨洋才渐渐地忘记兔子。

父母无法理解,只是失去一只兔子,就会让杨洋这么伤心。其实,孩子的内心是很敏感的,而且他们感情也很深厚。尤其是对于自己喜欢和心爱的东西,他们更是不能轻易忘记。作为父母,在处理和孩子有关的东西时,一定要征求孩子的意见,给孩子一定的缓冲时间,而不要随随便便就粗暴处理,否则就会使得孩子陷入悲伤之中。

第12章 理解孩子的悲伤哭泣，帮助孩子摆脱创伤后应激障碍

很多父母都缺乏耐心，在看到孩子因为失去一件不那么重要的东西而悲伤不已的时候，往往会喝令禁止孩子悲伤。殊不知，悲伤的情绪如果始终都压抑在心中，对于孩子的成长是没有好处的。明智的父母会给孩子宣泄的机会和途径，让孩子发泄心中的悲伤，渐渐地，孩子的负面情绪得以消除，才会表现更好。当孩子过度悲伤的时候，父母还可以选择一个替代品转移孩子的注意力，从而有效帮助孩子缓解悲伤。然而，人有生老病死，如果孩子失去的是至爱的亲人，则没有人能够把亲人再带回孩子的身边。这种情况下，父母一定要更加关注孩子，给予孩子温暖的怀抱，让孩子在自己的怀抱里尽情地哭泣。要相信时间是最好的良药，也可以告诉孩子关于生老病死的道理，这样一来孩子才能摆脱悲伤，也才能变得更加坚强。

没有人的人生永远都是顺遂如意和鸟语花香，也没有人的人生始终都没有意外和挫折发生，面对这样不如意的人生，我们唯一需要做的就是接受。对于人生的感悟，不是年幼的孩子随随便便就能知道的，为此作为父母，更是要用心、用爱引导孩子，教会孩子人生的道理，从而让孩子在经历更多的人生挫折之后，变得更加豁达和从容。

不幸的婚姻造就悲伤的孩子

最近，佳佳的情绪非常糟糕，动不动就哭泣，还长时间地坐在一个地方，似乎在神游物外。即使在课堂上，曾经回答问题非常踊跃的佳佳也变得非常沉默，有的时候被老师点名叫起来回答问题，也似乎惊醒，对老师提问了什么浑然不知。佳佳到底怎么了？原本佳佳的学习成绩非常好，现在却有下滑的趋势,为此老师赶紧打电话叫佳佳的妈妈来到学校。经过一番沟通,老师才知道了佳佳此时正在面临的困境。原来,佳佳的爸爸妈妈正在闹离婚,佳佳最近住在姥姥姥爷家里。

老师恍然大悟,难怪有一次学《小蝌蚪找妈妈》的课文时,佳佳那么悲伤呢!佳佳一定想到自己或者跟着爸爸,或者跟着妈妈,总是没有一个完整的家了。老师把这件事告诉妈妈,妈妈也忍不住潸然泪下,说:"佳佳很懂事,她心里什么都明白,怕我伤心从来不问。每次看到我和爸爸争吵,她都会观察我们的脸色,让我看着很心疼。"老师劝说妈妈:"维持婚姻不容易,不管最终是分还是合,都要照顾到孩子的情绪感受,不要任性伤害孩子。不管父母的婚姻状态如何,也都不要影响对孩子的爱,让孩子觉得安全,让孩子在父母的爱中成长,这才是作为父母给孩子最好的礼物。"

当然,婚姻的破裂未必都是因为其中一方移情别恋,有些夫妻之间感情是有的,但是却相爱容易相处难,总是很难与对方好好地相处,为此他们最终也会因为"性格不合""感情不合"等原因而选择分手。在有孩子的婚姻中,父母在婚姻出现变故的时候第一时间考虑的就应该是孩子,但是最应该学会放下的也应该是孩子。很多父母为了给孩子维持完整的家庭而选择凑合着在一起生活,却免不了打打闹闹,导致孩子非常痛苦,缺乏安全感。与其如此,不如快刀斩乱麻,给孩子明确的结果,其实孩子不应该是捆绑婚姻的借口。对于孩子而言,不管和谁生活在一起,他都没有失去父母的爱,只要父母心中能够放下不幸福的婚姻,给予孩子更好的关注和照顾,在没有争吵和打骂的家庭里生活,孩子就更容易幸福快乐。

当父母在即将要分开的时候总是频繁地提起孩子,渐渐地,不明就

里的孩子就会误以为自己是父母争吵的导火索，是导致父母不和的罪魁祸首，为此他们一定会很担心，也会很自责。这样的情况下，孩子如果不敢直接向父母问清楚原因，内心会更加忐忑不安，也会因此而陷入悲伤之中，内心充满了不确定，非常紧张和焦虑。

当男人和女人决定组建一个家庭的时候，就意味着他们不仅仅是因为相看两欢喜而结合在一起，而是意味着在有了婚姻之后，他们要共同承担起对于家庭的责任和义务，要不管遇到什么情况都始终坚定不移地相互帮助和扶持，相互依靠和坚守。当然，这样的话听起来很耳熟，也是很多人在结婚庆典上所说的誓言，但是要想真正践行这句话却是很难的。作为父母，不但要兑现对于彼此的承诺，更要勇敢肩负起照顾和守护孩子的重任，给孩子一个充满幸福和欢声笑语的家。记住，即使彼此有矛盾，也不要当着孩子的面争执，更不要当着孩子的面打骂，否则每一句丝毫不留情面的话都会如同针一样扎在孩子的心里，在孩子心中结疤。很多父母在感情破裂的时候纠结于对错，实际上对错都没有意义，只有更加理性坦然地面对结果、接纳结果，才能把婚姻破裂带给孩子的伤害降到最低。好父母，不但爱孩子，也知道如何保护孩子，从不让孩子在不该承受痛苦的年纪里迷惘和彷徨。

找到悲伤的合理宣泄渠道

默默从小是由奶奶带大的，因为父母工作太忙，他还和奶奶一起在农村生活了5年的时间，直到升入一年级的时候，他才回到父母身边。不过奶奶依然陪伴在他的身边，负责照顾他的衣食住行，每天接送他上学、放学。为此,默默和奶奶的感情很深。

有段时间,奶奶生病了,生了很重很重的病,默默几次看到爸爸妈妈在医生办公室里还会掉眼泪。默默生出不好的感觉,生怕自己失去奶奶。果然有一天默默放学回到家里,发现奶奶不见了。他四处找奶奶都找不到,妈妈告诉他:"奶奶去了很遥远的地方,那是一个美丽的地方,只有去那里,奶奶的病才能好。"听说奶奶的病好了,不再承受痛苦,默默尽管思念奶奶,也为奶奶感到高兴,因为他曾经目睹奶奶在最后的治疗阶段承受的痛苦。默默问妈妈:"奶奶什么时候会回来?过年的时候吗?"妈妈的眼眶红了,对默默说:"奶奶去的地方特别远,难得回来。只要我们开开心心的,奶奶也会开心的。"默默很费解:奶奶到底去了哪里呢?

又是一段时间过去,一天放学,默默泪流满面回到家里。妈妈看到默默的样子很担心,赶紧问:"默默,你怎么了?"默默大声质问妈妈:"奶奶是不是死了?死了是不是再也回不来了?"妈妈问:"谁告诉你的?"默默说:"我的同桌告诉我的。他的奶奶就死了,就再也回不来了!你们总是骗我,我再也没有奶奶了。但是,等我死了,就可以和奶奶团聚,对不对?"妈妈听到默默的话担心不已,知道这件事情无法继续隐瞒默默,为此把生老病死的道理都讲给默默听。默默知道奶奶再也回不来了,非常伤心。为了缓解默默的悲伤情绪,妈妈还专门请假带着默默去奶奶的坟前祭拜奶奶。在奶奶坟前,默默说了很多思念奶奶的话,也像曾经无数次那样和奶奶说悄悄话、心里话。这次之后,默默似乎一下子长大了,他不再因为思念奶奶而偷偷哭泣,而是努力地学习,还立志要当一名医生,攻克让奶奶死亡的疾病。

对孩子而言,死亡是一个很陌生的东西,然而,随着不断地成长,他

们总是会经历死亡，也会承受因为亲人离开人世而带来的各种痛苦。很多父母不希望孩子过早地知道死亡的含义，为此会故意向孩子隐瞒死亡。实际上，孩子总要学着长大。为此在必要的时候，在合适的时机下，父母是可以向孩子解释人的生老病死的。不要觉得孩子的承受能力有限，就选择欺骗孩子。就像事例中的默默一样，即使父母煞费苦心地隐瞒他，他还是知道了奶奶去世的事实，也知道了奶奶再也回不来的真相。妈妈带着默默去奶奶坟前祭拜，让默默在奶奶坟前倾诉衷肠，这样才能缓解默默对奶奶的思念之情，也才能给默默的悲伤情绪找到一个宣泄的渠道，从而帮助默默恢复内心的平静。

作为父母，首先要接纳孩子的悲伤，而不要总是喝令孩子不许哭，更不要指责孩子内心脆弱。要知道，哭和笑一样也是表达感情的方式，所以孩子既有权利哭，也有权利笑，而父母要尊重孩子、接纳孩子，也接纳孩子的情绪。此外，每个孩子都是截然不同的生命个体，父母也不要用一种方法就套用到所有孩子身上，而是要根据每个孩子的脾气秉性和情绪情感特点，认真地面对孩子，帮助和引导孩子。对于孩子而言，当悲伤的时候大声哭出来，或者以其他的方式来宣泄悲伤，都是积极的、健康的，有利于孩子恢复感情平静。反之，如果孩子在特别悲伤的时候保持沉默，反而父母是要尤其注意的。因为这意味着孩子在压抑自己的感情，在封闭自己的内心。为此，父母要想方设法引导孩子发泄悲伤情绪，而不要任由孩子一味地悲伤，一味地沉默和无奈。

当然，作为父母，更为重要的是为孩子营造良好的成长环境，而不要总是对孩子极其厌烦，不允许孩子悲伤或者哭泣。只有找到合适的宣泄途径之后，孩子才能缓解悲伤，也才能真正消除悲伤，从悲伤之中走出去。当孩子不知道如何表达情绪的时候，父母还要对孩子适当引导，告诉孩子如何才能战胜悲伤，如何才能发泄悲伤情绪，也帮助孩子拥有更多的幸福快乐。

小测试：孩子的情绪是正还是负

1. 孩子是否非常孤独，不愿意与他人交往，只想独处？
2. 孩子是否很喜欢生气，而且还会莫名其妙地哭泣？
3. 孩子是否常常用恶意揣测身边的人和事情，而不想把别人想得更美好？
4. 对于很多事情，孩子是否常常冷眼旁观，觉得事不关己，就可以高高挂起？
5. 孩子是否从未有过同龄的好朋友？
6. 孩子是否经常会三心二意、神思恍惚？
7. 孩子放学回家之后是否从来不和父母沟通学校里的一些情况？
8. 孩子是否有厌学的情绪，或者讨厌某个同学、某位老师、某门课程？
9. 孩子的睡眠质量如何，是否会哭着从噩梦中惊醒？
10. 孩子是否会因为一件无关紧要的小事情就非常悲伤？
11. 当家里有客人到访的时候，孩子是否没有像小主人一样去招待客人？
12. 孩子是否害怕那些并不真正存在的事物？
13. 孩子是否害怕面对陌生人或者抗拒进入陌生的环境？
14. 孩子是否常常否定自己，对自己缺乏信心？
15. 在面对难题的时候，孩子是否常常畏缩、退却，不能做到迎难而上？

16. 孩子日常生活中是否精力不够充沛，表现出恹恹欲睡的样子？

在这些测试题的回答中，"是"的答案数量越多，就说明孩子最近情绪很消沉低落，甚至有些抑郁寡欢，需要父母对孩子的情绪加以观察，及时引导。"是"的答案数量越少，就说明孩子的情绪越好，能够积极地面对生活中的很多事情，处理好生活中的很多问题。

第 13 章
帮助孩子做勇敢的自己,让孩子拥有不焦虑的生活

通常情况下,焦虑情绪的产生都是因为孩子内心胆怯,不能勇敢面对。为此父母要想让孩子远离焦虑,归根结底的解决办法,就是让孩子勇敢做自己,对于生活则水来土掩,兵来将挡,绝不畏惧和退缩。当孩子的内心真正强大起来,他们就不会因为那么多事情感到焦虑,也就可以坦然从容、幸福快乐。

接受焦虑，才能处理好焦虑

学校里要举行运动会，郡郡报名参加了400米跑。在体育老师进行达标测试的时候，郡郡的400米跑成绩就很不错，为此他很愿意代表班级参加比赛，获得400米跑的冠军。为了帮助郡郡有更大的提升，体育老师还把几个体育健将集中在一起进行训练呢！虽然郡郡的跑步成绩越来越好，但是随着运动会开幕的日子越来越近，他内心的焦虑也日益严重。

还有一天就要召开运动会了，郡郡紧张得茶饭不思，不停地问妈妈："妈妈，你说我能为班级争得荣誉吗？"妈妈安慰郡郡："你只要尽力而为，是否为班级争得荣誉都是班级的骄傲。"郡郡很疑惑："老师一定很想让我赢得冠军，我对自己没有信心。"妈妈说："当然，大家都希望你获得冠军，但是你的能力是有限的，或者至少在目前看来你的能力已经达到了最好。所以哪怕你凭着最高水平没有获得冠军，大家也不会责怪你的，因为你已经尽力了！"妈妈的话并没有让郡郡放下心来，他依然紧张焦虑，当天晚上连觉都没有睡好。次日，郡郡昏头涨脑地起床，跑步过程中因为太过紧张而手脚发软，居然摔了一跤，所以成绩很糟糕，根本没有名次。

在这个事例中，郡郡自始至终都在和焦虑的情绪进行对抗，试图彻底消灭焦虑情绪，试图有人能够保证他一定能取得冠军。然而，这一切都是根本不可能的。为此，郡郡也就无法缓解紧张焦虑的情绪，导致自己因为过度紧张而发挥失常。可想而知,这件事情给郡郡的打击一定很大。其实对于郡郡这样第一次参加比赛的孩子来说,追求名次是次要的,更重要的是摆正心态,端正态度,这样才能在比赛的过程中有更多的收获,也能获得更大的进步。

人生不如意十有八九,每个人在生命的历程中都会经历各种各样的坎坷和挫折,与其因此而扰乱心绪,导致内心变得惶恐不安,不如接受焦虑,正面面对焦虑,这样才能卓有成效地缓解和消除焦虑。

有人说世界是唯心主义的,只要心态改变,一切都随之改变。实际上,这个世界是唯物主义的,任何时候,都会有我们无法改变和掌控的事情存在。曾经有人说,改变那些可以改变的,接受那些不能改变的。的确,如果因为不能改变的而较劲,或者徒增烦恼,则只会让人生越来越被动和无奈。当外部的世界无法改变时,我们最重要的是去接受,或者改变自己以寻求适应。曾经有心理学家进行过实验,发现大多数事情都不值得人们焦虑和担忧,这是因为焦虑和担忧并不能阻止事情发生,也不能使结果发生任何改变。反而改变自己,努力去适应外部的环境,才是最好的生存之道。人生短暂,在生命的历程中,我们每个人都不应该和自己较劲,而是要学会坦然接受。哪怕是面对人生中那些不如意的事情,也不要一味地和人生较劲,百炼钢化为绕指柔,很多时候柔软反而是强大的力量,可以帮助我们主宰人生,改变世界。

当然,对于大多数孩子而言,他们的自我认知能力发展不成熟,对于外部世界的认知也很匮乏,尤其是缺乏人生经验。为此,父母要告诉孩子正确认知自己,知道自己的能力范围能够到达哪里,也知道自己的能力范围不能够到达哪里。对于那些拼尽全力可以做好的事情,要尽量做到完美,对于那些自己即使拼尽全力也无法完成的事情,只能尽人力听天命,而无须过度苛责自己，更没有必要让自己因此而陷入焦虑之中。真正的成长不是孩子长了多高或者多么强壮，而是孩子开始试着接受人生，开始尝试着感受生命，也坦然接纳和勇敢面对生命的一切馈赠。

专注的孩子更快乐

作为一年级新生，这是奇奇第一次参加公开课。奇奇在班级里的课堂表现一直非常好，为此当有外校老师要上公开课的时候，老师特意点名让奇奇和其他几个孩子去给这位老师当学生，配合老师把课上完。

走到开阔的大礼堂，奇奇如同刘姥姥进入大观园一样，对于周围的一切陈设和设备都很新奇，为此他东看看、西看看，虽然不能随意走动，但是他的眼睛却一直没有闲下来。在孩子们做准备的过程中，舞台下陆陆续续走来很多的听众，他们既有前来观摩和学习的老师，也有公开课的评委。奇奇变得紧张起来：怎么这么多人，我不会当众出丑吧！要是我当着所有人的面不会回答问题怎么办，那么大家就都会说我是个笨蛋！如此想着，奇奇越来越紧张和焦虑，恨不得当即站起来走开。

很快，公开课开始了，老师在和同学们问好之后，就开始了精彩的课程。奇奇一开始还很忐忑，渐渐地被老师引人入胜的讲解吸引住，心似乎和老师一起进入课文中的情境里。渐渐地，奇奇忘记了紧张，沉浸在精彩的课程中无法自拔。等到一节课过去，台下的听众响起热烈的掌声，奇奇才猛然被惊醒，意识到自己之前在舞台上有多么害怕。此时此刻，这节课已经圆满结束，奇奇对于自己的表现非常满意。

在这个事例中，奇奇因为专注和投入听讲，消除了内心的紧张情绪。

第 13 章 帮助孩子做勇敢的自己，让孩子拥有不焦虑的生活

原本，他刚到大礼堂的时候，发现礼堂里很多新鲜东西，为此注意力被那些东西吸引。后来，他面对礼堂下面坐着的听众，注意力被听众吸引，担心自己表现不佳贻笑大方，为此很紧张和焦虑。后来，奇奇被老师精彩的授课所吸引，在老师的带领下，和老师一起进入课文中的优美意境，为此忘记了自己置身于何处，只是专注地听讲，居然把此前因为听众而引起的焦虑情绪完全驱散。不得不说，孩子的注意力真的是有限的，要想让孩子减轻焦虑，父母就要引导孩子把注意力集中在积极做好事情方面，这样一来孩子就会浑然忘我，有更加出类拔萃的表现。

人的大脑就像是一个容器，确切地说，还是一个容量有限的容器。众所周知，既然是容器，那么容器中能够容纳的东西就是有限的。那么，孩子的小脑袋瓜子里都装满了什么呢？如果孩子的大脑中装满了幸福、快乐和满足，那么孩子就会很开心。反之，如果孩子的大脑中装满了紧张、焦虑和烦躁，那么孩子就会很苦恼，甚至很痛苦。而且，大脑的容量是有限的，孩子的大脑里如果装满了负面情绪，就会拥挤得正面情绪无处容身。父母要想让孩子简单快乐，就要让孩子的大脑里装满积极的情绪，唯有如此，才能让那些不快乐的情绪无处容身，也才能让孩子始终健康成长。

曾经有心理学家指出，专注是一种强大的力量。实际上对于孩子而言，专注则让他们集中所有的精神于当下，这样一来，他们自然无暇顾及那些焦虑和烦恼，也就可以专心致志地把该做的事情做好。很多孩子之所以总是被焦虑困扰，就是因为他们的想象力太过丰富，为此他们的大脑中总是充满了各种稀奇古怪的想象。想法越多，孩子的心也就越乱，当他们无法做好手中的事情，当他们无法关注于当下，他们的内心就会越来越惶恐不安。很多父母会在孩子感受到各种负面情绪的时候试图转移孩子的注意力，实际上，这也是帮助孩子激发积极的情绪和想法。很多成人都会有

这样的感受，即在感到很痛苦和无奈的时候，去大汗淋漓地跑步，去郊外去爬山，或者做自己喜欢的事情，糟糕的情绪就会有所缓解。孩子也是如此。

当然，父母在选择激发孩子积极情绪的时候，要尽力提升孩子的专注力，从而驱散孩子内心的紧张和焦虑。在引导孩子去做某件事情的时候，要确定孩子很喜欢做这件事情，并且也愿意为了圆满完成任务而投入更多的时间和精力。这样才能成功让孩子忘记焦虑，也才能让孩子把所有的注意力和精神都集中到当下的事情上。唯有如此，孩子才能成功地关注当下，做好手中的事情，获得更多的收获。

做最坏的打算，向着最好的方向努力

学校里要推荐学生参加市里的作文比赛，为此要先在学校内部各个班级里进行筛选，最终确定代表学校参加市作文比赛的低、中、高年级选手。为此，老师推荐亚楠代表班级交上了作文。亚楠的作品一直以来都很清新流畅，文风朴素，果然没有辜负老师的期望，顺利成为中年级组的参赛代表。得到这样的好机会，亚楠非但没有信心万分，反而还忧心忡忡，因为她担心自己水平不够，不能为学校和班级争得荣誉。为此，她特意找到老师想要拒绝这次机会。老师苦口婆心地劝说亚楠一定要珍惜机会，但是亚楠似乎心意已决，就是不愿意改变。

无奈之下，老师给亚楠妈妈打电话，希望亚楠妈妈能够帮忙做亚楠的思想工作。亚楠妈妈当然希望亚楠参加比赛，抓住这次机会锻炼自己，说不定还能拿个大奖状回家，那有多好！为此，亚楠放学才回到家里，妈

妈就对亚楠说："亚楠，你一定要参加作文比赛，多少人想得到这个机会都得不到呢！"亚楠有些心烦，对妈妈说："妈妈，你就不要跟着添乱了，我是怕自己辜负了老师的期望。"妈妈告诉亚楠："你以为学校里决定让你作为中年级代表参加比赛，是随便选的吗？他们肯定是在众多同学交上去的作品中精挑细选，也经过考虑和权衡，才最终选定你的。所以你不要觉得如果得不到奖，就完全是你的责任，现在不管让谁去参加比赛，他们都没有把握一定能得奖。你去，就是最好的选择，否则老师为何打电话给我，让我做你的思想工作呢？你不要觉得这是一个负担，也可以将其想成临危受命，带着使命感和责任感去参加比赛，一定会让你更加超常发挥。"亚楠有些动摇："你确定我得不到奖，老师也不会失望吗？"妈妈斩钉截铁地回答："当然。老师让我告诉你不要有心理压力，可以做最坏的打算——得不到奖，但是不要被最坏的打算吓倒，而是要拼尽全力，朝着最好的方向去努力，这样才无怨无悔。否则因为可能失败就放弃机会，岂不是怯懦吗？"亚楠觉得妈妈说的很有道理，连连点头，妈妈继续给亚楠鼓劲："只要需要，你就告诉妈妈，妈妈可以给你买最新的作文选，供给你学习之用。你如果在看到新的作文题目没有灵感的时候，也可以随时和爸爸妈妈讨论，所谓三个臭皮匠，赛过诸葛亮，爸爸妈妈和你的智慧加在一起，应付这次作文比赛还是绰绰有余的。"亚楠忍不住笑起来，说："妈妈，你可真是天生的说服专家，演说高手！"妈妈嗔怪道："为了说服你，我可是费了很多心思呢！怎么样，这下子没有后顾之忧了吧！"亚楠点点头。

很多孩子之所以感到焦虑，就是因为觉得自己无力承担最坏的结果。孩子的自尊心非常强烈，也很敏感，他们不想让自己因为失败而被他人指指点点，而只想得到最好的结果。殊不知，这个世界上做任何事情都不可能百分之百成功，凡事都有成功的可能，也有失败的可能，为此作为父母一定要告诉孩子这个道理，这样一来，孩子才能全力以赴，向着最好的结果冲刺，同时也做好最坏的打算，哪怕失败了也在所不惜、无怨无悔。

没有把握感，不能掌控一切，是孩子焦虑的根源。尤其是因为孩子的人生经验匮乏，智力发育水平没有那么高，对于客观存在的很多事物认知也有限，为此父母更是要引导孩子不断地学习，充实自己，对于自己和客观外界有深入的认知，这样一来，孩子才能全力以赴做好该做的事情。

很多孩子在做最坏的打算之后，往往会被最坏的打算吓倒，他们似乎看到了最坏的打算在不久的将来会发生，为此内心非常惶惑。实际上，最坏的打算未必真的一定会发生，做最坏的打算只是为了帮助我们做好心理上和感情上的准备而已。就像人生，每个人从出生开始，就在走向死亡，所以说人人都向死而生，难道因为注定要死去，就不努力认真地活着吗？只有端正心态，让自己的人生拥有更多的资本和更强大的力量，才能有更大的选择空间，真正地主宰人生，创造人生。

当然，孩子对于人生的理解并没有那么深刻，为此他们常常因为结果的不可预期而陷入焦虑之中，也认为最糟糕的事情一定会发生。当他们的人生经验越来越丰富，知道最坏的结果未必会发生，知道即使真的结果很糟糕，自己也有能力面对和处理，那么他们的内心就会越发坚定和从容，焦虑自然消失。

帮助孩子控制愤怒的情绪

很久以前，有个男孩特别爱生气，他每天都要生气好几次，弄得自己

和家人的心情都特别糟糕。父母想出了很多方法来帮助他控制怒气，也告诉他发怒的负面作用，但是他始终不能改掉爱生气的缺点。

有一次，爸爸拿出一个锤子和一口袋钉子交给男孩，对男孩说："以后每次生气的时候，你就在你的衣柜上钉上一颗钉子。"男孩很惊讶："我的衣柜？那可是我最喜欢的衣柜，松木的！"爸爸点点头，说："是的。"男孩看到爸爸态度很坚决，只好照做，结果才第一天，他就在衣柜上钉上了十几颗钉子。男孩看着这么多钉子，意识到自己生气的次数实在太多了。以前，他生气之后很快就会消气，所以根本不记得自己生气有多么频繁。如今，他在衣柜上不停地钉钉子，很心疼自己的衣柜。男孩开始控制自己，他不想让自己最心爱的衣柜千疮百孔。足足用了一年多的时间，终于有一天，男孩兴奋地告诉爸爸："爸爸，我今天一整天都没有在衣柜上钉钉子。"爸爸对男孩说："当你可以连续一个星期都不在衣柜上钉钉子的时候，每当你一整天的时间都不生气，你就可以拔掉一颗钉子。"男孩按照爸爸说的去做，好不容易到了可以拔掉钉子的时候，他却发现拔掉钉子很难，因为他偶尔还会因为某件事情生气。爸爸安抚他："生气是正常的，但是经常生气就是很糟糕的。爸爸不是要求你从不生气，而是希望你可以控制愤怒，主宰自己。"用了两年多的时间，男孩才拔掉所有的钉子，他已经真正长大了，看着千疮百孔的衣柜，他决定以后再也不胡乱发脾气。

很多人都意识不到自己的脾气有多么糟糕，因为他们在生气之后，很快就会忘记气愤。事例中的爸爸非常聪明，他明知道男孩最喜欢那个衣柜，为此让男孩每次生气都在衣柜上钉钉子，从而让男孩知道每次生气都会带来严重的后果。这样一来，男孩开始循序渐进地控制愤怒，也渐渐意识到自己每次发怒都会给自己和他人带来严重的伤害，因而可以做到控制怒气。

曾经有心理学家提出，愤怒会让人的智商瞬间降低，也有心理学家提出，愤怒带有强烈的毒性，对于人的身体健康是有很大害处的。为此，很多人都试图控制住愤怒的情绪，避免自己在歇斯底里的状态下做出伤害自己和他人的事情。然而，掌控情绪是难度很大的事情，尤其是作为孩子，常常会因为各种突如其来的事情而导致内心愤怒，也会因为各种糟糕的事情而使得自己的内心失去淡然。父母要如何帮助孩子，才能让孩子成为愤怒的主人，而不是愤怒的奴隶呢？

有一点可以肯定，那就是人人都无法真正避免愤怒的发生，就算是对于情绪的掌控能力很强的成人，也难免会因为特别事件的发生而愤怒，更何况是孩子呢！为此，当孩子因为各种事情而感到愤怒的时候，作为父母，切勿指责孩子，或者要求孩子马上消除愤怒，而是要意识到愤怒的情绪很难控制，最重要的是要学会驾驭愤怒，学会主宰自己的精神和意志，从而成为情绪的强者，也成为人生的真正赢家。

引导孩子结交更多朋友

小北已经5岁了，正在读幼儿园大班，但是她没有朋友。她从小在父母和爷爷奶奶的呵护下成长，已经习惯了被满足、被呵护、被无条件服从。为此在进入幼儿园之后，她经常因为霸道独断而与小朋友们之间发生争执，还打过架呢！最为重要的是，小北还非常自私，总是抢夺其他小朋友的玩具，而又不愿意分享，为此小朋友们都躲着她。

这一天，幼儿园里组织去旅行，小朋友们叽叽喳喳非常高兴。到了午饭时分，大家席地而坐，吃得不亦乐乎。只有小北一个孤独地和妈妈坐

在一起。妈妈向小北提议:"小北,我们去和同学们坐在一起,好不好?还可以和他们交换美味的食物,吃到更多美食呢!我看到你的好朋友黄桃带了寿司,你最爱吃寿司,我们用蜂蜜烤翅和黄桃交换,好吗?"小北听说有寿司吃,觉得很高兴,但是听到妈妈说要用蜂蜜烤翅去交换,她又有些犹豫。妈妈鼓励小北:"小北,不要那么小气呢!你给黄桃两个蜂蜜烤翅,黄桃会给你寿司,你既可以吃到寿司,也可以吃到剩下的蜂蜜烤翅,多么高兴啊!"妈妈终于说动了小北,小北拿着蜂蜜烤翅去和黄桃交换,果然得到了寿司,她开心不已。妈妈趁热打铁,继续鼓励小北:"你看看你还想吃什么,继续把蜂蜜烤翅、牛奶、海苔送给拥有食物的小朋友,好吗?"小北渐渐地爱上了这种交换的方式,与小朋友们的关系也变得更亲密。

妈妈只要有机会就会引导小北结交更多的朋友,以各种能够想到的方式,渐渐地,小北的朋友越来越多,她再也不会因为孤独和寂寞而感到郁闷了。

人是群居动物,每个人都要在人群中生活,孩子也是如此。孤独,总是让孩子难以忍受的,当孩子因为不知道如何结交朋友而陷入孤独之中时,父母要引导孩子掌握正确的交友方式,让孩子结交更多的朋友。唯有如此,孩子才能健康快乐地成长,才能在人生的道路上从不孤独和寂寞。

父母即使再爱孩子,努力怀着赤子之心陪伴孩子,和孩子一起成长,也不可能替代同龄人在孩子成长过程中的重要作用。正如周华健所唱的,朋友一生一起走。对于孩子来说,朋友不但是他们的玩伴,也是他们的学习对象。当孩子和同龄人在一起成长,他们无形中就会学习对方的很多优点,为此在有兄弟姐妹的二胎三胎家庭里,小一些的孩子因为可以学习和模仿大孩子,而成长更加快速。当然,也许有些父母会说,家里只有一个孩子，怎么办？当然好办，孩子在一起学习并非要在一起生活，父母只要多多引导孩子结交朋友，让孩子经常有机会和同龄人一起玩耍，孩子同样可以进步快速，成长效率很高。

有人说，这个世界上最大的难题就是做人的工作，就是处理好各种各样、纷繁复杂的人际关系。这句话很有道理。因为一个人不管怎么去做，都不可能赢得身边所有人的认可和尊重，为此每个人都有可能被他人否定，这是不可改变的事实。面对朋友的疏远，面对曾经的友情不复存在，也因为不知道如何与朋友更好地相处，孩子会变得很焦虑。父母的人际相处经验比孩子更为丰富，在这种情况下就要给予孩子积极有效的引导。需要注意的是，有很多父母本身就是心思狭隘、小肚鸡肠的，这样很容易给孩子树立糟糕的榜样，让孩子在与同伴相处的时候斤斤计较，这当然不是一个好的选择。父母要教会孩子热情友好地对待朋友，慷慨大方地帮助朋友，也要教会孩子设身处地地为朋友着想，体谅朋友的难处和辛苦。这样一来，孩子才会提升人际交往能力，与朋友之间更加和谐融洽，更加感情深厚。

参考文献

[1]周一凡.儿童焦虑心理学[M].成都:四川科学技术出版社,2018.

[2]李群锋.儿童情绪心理学[M].苏州:古吴轩出版社,2018.

[3]琼斯基.让孩子远离焦虑[M].杭州:浙江人民出版社,2019.